中等职业教育**中餐烹饪与营养膳食**专业系列教材

川菜冷菜制作技术

主　编　韦昔奇　赵品洁　杨　俊
副主编　杨家平　王　菲　王加强
参　编　李金洲　谭子华　李　波
　　　　郑思皇　代一超

重庆大学出版社

内容提要

本书主要介绍了川菜冷菜的烹调方法（拌、卤、泡、腌腊、烤等）、味型（红油味、蒜泥味、姜汁味、怪味、麻辣味、鱼香味、藤椒味等）和代表菜肴（素菜类菜肴、荤菜类菜肴）。本书包含时下流行的冷菜菜品，最大的特点就是实用性和可操作性强，在详细操作流程的指导下，再结合精美的实操图片，让学习者能够较快地掌握菜品制作方法，最终达到学以致用的目的。

本书可作为中高职院校烹饪专业的教材，也可作为中餐制作从业人员培训教材、自学书籍。

图书在版编目（CIP）数据

川菜冷菜制作技术 / 韦昔奇，赵品洁，杨俊主编
. -- 重庆：重庆大学出版社，2020.8（2024.9重印）
中等职业教育中餐烹饪与营养膳食专业系列教材
ISBN 978-7-5689-2222-7

Ⅰ. ①川⋯ Ⅱ. ①韦⋯ ②赵⋯ ③杨⋯ Ⅲ. ①川菜—凉菜—制作—中等专业学校—教材 Ⅳ. ①TS972.114

中国版本图书馆CIP数据核字（2020）第136093号

中等职业教育中餐烹饪与营养膳食专业系列教材

川菜冷菜制作技术

主　编　韦昔奇　赵品洁　杨　俊
责任编辑：马　宁　史　骥　　版式设计：史　骥
责任校对：万清菊　　　　　责任印制：张　策

*

重庆大学出版社出版发行
出版人：陈晓阳
社址：重庆市沙坪坝区大学城西路21号
邮编：401331
电话：（023）88617190　88617185（中小学）
传真：（023）88617186　88617166
网址：http://www.cqup.com.cn
邮箱：fxk@cqup.com.cn（营销中心）
全国新华书店经销
重庆长虹印务有限公司印刷

*

开本：787mm×1092mm　1/16　印张：9　字数：239千
2020年8月第1版　　2024年9月第2次印刷
印数：3 001—4 000
ISBN 978-7-5689-2222-7　定价：39.00元

Preface 前 言

　　中国烹饪历史悠久、源远流长，是中华民族优秀文化的重要组成部分。几千年来，我国劳动人民在生产生活实践中不断创新、不断发展，创造了举世瞩目的中国烹饪文化。

　　中餐烹饪对中华民族的繁衍、生息、发展、兴旺有着不可估量的作用。随着中国的崛起，中餐烹饪受到越来越多人的喜爱，而川菜作为中国烹饪四大菜系之一，其重要作用不言而喻。川菜具有"百菜百味，一菜一格"的特点，取材广泛，菜式多样，口味清、鲜、醇、浓并重，以善用麻辣调味著称，并以别具一格的烹调方法和浓郁的地方风味，融汇了东南西北各方的特点，采众家之长，善于吸收、创新，享誉中外。

　　为更好地让烹饪爱好者、烹饪院校学生、餐饮行业人士了解川菜，学习川菜冷菜的制作技术，本书由具有"川菜第一校"美誉的四川省商务学校烹饪系主任韦昔奇（全国五一劳动奖章获得者、注册中国烹饪大师、全国优秀烹饪指导教师）、烹饪系烹饪工艺教研室主任赵品洁（注册中国烹饪大师、全国优秀烹饪指导教师）等牵头组织编写。在本书的编写过程中，我们力求密切联系饭店、餐厅工作实际，并结合目前餐饮业的发展状况，重点突出实用性、系统性。本书主要内容包括川菜冷菜的烹调方法（拌、卤、泡、腌腊、烤等）、味型（红油味、蒜泥味、姜汁味、怪味、麻辣味、鱼香味、藤椒味等）和代表菜肴（素菜类菜肴、荤菜类菜肴），融合了时下最流行的冷菜菜品，且菜品都有详细的操作流程，并结合精美的实操图片，图文并茂，让学习者能够较快掌握菜品的制作方法，具有很强的实用性和可操作性，最终达到学以致用的目的。本书可以作为中高职院校烹饪专业的教材，也可以作为餐饮从业人员培训教材、自学书籍。

　　本书由韦昔奇、赵品洁、杨俊担任主编，杨家平、王菲、王加强担任副主编，李金洲、谭子华、李波、郑思皇、代一超担任参编。

　　由于编者水平有限，书中的不足之处在所难免，敬请读者批评指正。

编　者

2020年3月

Contents 目 录

项目4　油温的识别　　21

项目5　素菜类凉菜　　23

项目6　荤菜类凉菜　74

项目 1

绪　论

>>>

　　川菜是我国的主要菜系之一，发源于古代的蜀国和巴国，在汉、晋时期就已初具规模。东晋的史学家常璩在所著的《华阳国志》中指出，巴蜀之人有"尚滋味"和"好辛香"的传统。2 000多年来，这一传统仍为川菜所保持并加以发扬，并且成为川菜的著名特色。隋、唐、五代之后，川菜有了较大的发展。两宋时期，川菜已跨越巴蜀地域，以其独有的特色先后进入当时的京都东京和临安，为世人所瞩目。明代末叶，辣椒传入我国后，使川菜原已形成的"尚滋味""好辛香"的传统得到进一步的丰富和发展。到了晚清，川菜逐步形成以清鲜醇浓并重，善用麻辣调味著称的独特风味。

　　凉菜，又称为冷菜、冷盘、冷荤、凉碟等，是四川菜系的重要组成部分，无论是川菜的大众便餐、地方小吃、私房菜点，还是各种档次的特色宴席都离不开凉菜，尤其是在宴席应用中不可或缺，起着举足轻重的作用。凉菜制作讲究色、香、味、形、器、意、养。味型丰富、烹调方法多样是凉菜总的特点，下面将就这两个方面做详细介绍。

项目 2

凉菜制作方法

>>>

凉菜主要分为冷烹冷食和热烹冷食两大类型，常用烹调方法有以下类型。

1

拌

拌是凉菜的主要烹调方法之一。拌是把生的原料或放凉的熟制原料切成丁、丝、块、片、条等形状后，加入各种调味品，然后调拌均匀，使其入味的做法。凉拌菜肴具有用料广泛、制作简易、菜式灵活、口味清爽的特点。

2

卤

卤是将大块或整形的原料，放入用调料、香料、汤汁熬成的卤汁内，用中小火加热至熟，并使之入味的烹调方法。依据卤汁颜色的不同，又分为红卤水与白卤水两种。卤菜具有色泽美观、柔软味浓、存放时间较长的特点，是凉菜主要烹调制作方法之一。

3

熏

熏是将经过初步加工或烹制成熟后的原料放入熏炉内，利用熏料燃烧所产生的烟，将其熏制成菜肴的烹调方法。熏制菜肴色泽光亮，有熏料的特殊芳香气味。熏制方法分生熏和熟熏两种。熏料通常采用茶叶、锯末、花生壳、柏树枝、大米等。

4

泡

泡是将原料加工处理后，放入调好味的泡菜汁中，泡制入味的烹调方法。泡菜总地来说具有用料广泛、色泽鲜艳、脆嫩爽口、制作简便的特点，在四川几乎家家户户都会制作。

炸收

炸收是将原料刀工处理后，再经腌制、油炸脱去原料部分水分，入锅掺汤，加入调味品，用中火或小火加热，使味渗透、收汁亮油而成菜的烹调方法。炸收菜肴具有色泽美观、滋润酥松、香鲜醇厚的特点。炸收这一烹调方法广泛适用于烹制鸡、鱼、兔、鸭、猪、牛、豆制品等原料。

糖粘

糖粘又称挂霜，是将经过初步制熟处理后的原料放入熬制好的糖汁内，均匀地裹上一层糖汁，冷却后翻霜成菜的烹调方法。糖粘菜品通常都具有香甜可口、质地酥脆的特点，其选料也多以制酥的干果仁或经炸后制脆的小型原料为主。

腌腊

腌腊是将原料用多种调味品腌制入味后，自然晾晒干或烟熏制干，食用前通过蒸熟或煮熟，然后放凉改刀成菜的烹调方法。腌腊制品多具有色泽棕红、香味浓郁的特点。

糟醉

糟醉是将原料加工成型后，放入用醪糟汁或香糟调制的味汁内，再加入其他辅助调味品，将原料腌制入味或蒸制成菜的烹调方法。糟醉类菜肴通常具有色泽淡雅、口味清鲜、略带糟香的特点。

烤

烤又称烧烤，是将经过初步加工后的原料放在烤炉上或烤炉内，利用火燃烧所产生的热能将原料烤制成菜的烹调方法。烤主要分为炭烤、电烤、微波炉烤等，烤制菜肴具有色泽美观、气味芳香的特点。但食物经过高温烧烤后，其原料内的维生素A、维生素B、维生素C以及脂肪都会受到相当大的损失，并且在烤制过程中还会产生苯类致癌物，所以，人们不应该长期大量地食用烧烤类菜肴。

冻

冻是将富含胶质的原料放入水中，熬制溶化后，加入调味品和辅料，冷却后解冻并装盘成菜的烹调方法。从口味上可将冻制菜肴分为甜味冻和咸味冻两种。其总的特点是晶莹透明、色泽淡雅、质地柔软。

蜜汁

蜜汁是将原料加工成型，制熟后整齐装盘，冷却后淋上用蜂蜜、冰糖和清水熬制的浓稠糖汁，使其腌制入味成菜的烹调方法。这类菜肴多具有味道纯正、鲜香浓郁的特点。

渍

渍又称激，是将原料制酥后，趁热放入调好的味汁中，使其充分入味回软，冷却后成菜的烹调方法。菜品具有香软适口、回味悠长的特点。原料通常选用豆类，如蚕豆、豌豆、黄豆等。

以上12种凉菜烹调方法是川菜常用的烹调方法，其余相对应用较少的烹调方法，如蒸、煮、酱等将在具体菜肴中做详细介绍。

项目 3

凉菜味型

>>>

　　川菜的味，分为基本味与复合味两大类。基本味又称单一味，即咸、甜、麻、辣、酸、鲜、香七味；由单一味组合而成的味型称为复合味。尽管各种菜肴的味道千变万化，但都是由7种基本味复合而成的，所以认识和理解基本味就非常重要。

　　川菜在调味上讲究"百菜百味，一菜一格"，每一款菜肴都应该在调味特点上有所突出，如"白油味"突出的是清鲜的本味，而"麻辣味"则要将浓烈的口味充分体现出来。所以在菜肴的调味中，从调味品的选择到调味品的再加工，以及用量比例、调味时间都应严格按照要求来操作。

　　川菜常用的凉菜复合味型有红油味、蒜泥味、姜汁味、怪味、椒麻味、咸鲜味、酸辣味、麻辣味、麻酱味、鱼香味、糖醋味、芥末味、椒盐味、藤椒味、陈皮味、五香味、泡椒味、甜香味等，其制作原料与调制方法将在本书的具体菜肴制作中做详细介绍。

任务1　红油味..........

【味型特点】

　　色泽红亮，咸鲜微甜，香辣味浓。

【调味品】

　　精盐，白糖，味精，酱油，辣椒油，香油。

【操作过程】

　　①将白糖、酱油放入调味碗中搅拌溶化。

　　②当白糖在酱油中完全溶化后，加入精盐、味精调和成咸鲜微甜的味感，再加入辣椒油调匀，最后加入香油即成。

【关键点】

　　①对不同的原材料，酱油的用量，以及精盐和白糖的投放比例略有不同。

②调好的红油味应色泽红亮、咸鲜微甜、香辣味浓。

【代表菜品】

红油鸡块，红油猪耳。

 任务2 **蒜泥味**　　　　　　　

【味型特点】

色泽红亮，蒜味浓郁，咸鲜香辣，微带甜味。

【调味品】

精盐，味精，白糖，酱油，辣椒油，香油，蒜泥。

【操作过程】

①将精盐、味精、白糖放入碗内，加入酱油、辣椒油、香油并调匀。
②待固体调味品溶化后加入蒜泥。

【关键点】

①蒜泥应该现制现用，久放会使蒜的辛香味挥发，影响成味。
②蒜泥做好但暂不使用时可以用香油调匀，从而避免蒜泥发生变色，影响菜肴色泽。
③在调味过程中蒜泥应该最后放入调味汁内，否则蒜泥会被酱油泡黑，使色泽受到影响。

【代表菜品】

蒜泥白肉，蒜泥黄瓜。

任务3 姜汁味

【味型特点】

咸鲜带酸，姜味浓郁，清爽可口。

【调味品】

精盐，老姜，醋，冷鲜汤，味精，香油。

【操作过程】

①将老姜去皮洗净后用刀剁成细末，放入调料碗内。
②在碗内加入精盐、冷鲜汤、味精、醋、香油，调匀即成。

【关键点】

①有色调味品的用量要适当，在成菜后呈浅茶色为宜。
②姜汁味也可以加少许辣椒油，此种做法俗称"搭红"，有提色、提味的作用。
③在调味过程中应该重点突出姜的味道。

【代表菜品】

姜汁菠菜，姜汁猪肚。

任务4 怪 味

【味型特点】

色泽棕红，咸、甜、麻、辣、酸、香、鲜，各味兼具，风味独特。

【调味品】

精盐，味精，白糖，酱油，醋，芝麻酱，花椒粉，辣椒油，熟芝麻，香油。

【操作过程】

①先将香油倒入芝麻酱内，将芝麻酱稀释成酱糊状。

②在稀释好的芝麻酱内加入适量的精盐、味精、白糖，待完全溶化。

③再放入酱油、醋、花椒粉和辣椒油调成清浆状，即成怪味味汁。做菜时可再撒上一些熟芝麻进行点缀，增加美感。

【关键点】

怪味集众味于一身，各种单一味十分和谐地体现在味型中，所以在调味时不能偏重于某一种调味品的使用，各种调味品在使用时应该注意用量和比例。

【代表菜品】

怪味鸡丝，怪味花生。

 **任务5　椒麻味**

【味型特点】

色泽翠绿，咸鲜醇厚，椒麻辛香。

【调味品】

精盐，味精，酱油，香葱叶，干花椒，冷鲜汤，香油。

【操作过程】

①将香葱叶切细，干花椒用冷水略泡一会儿后捞出，用刀将处理好的香葱叶和干花椒铡成椒麻茸。

②将椒麻茸放入碗中，用冷鲜汤将其调散，加入精盐、味精、酱油、香油调匀，即成椒麻味汁。

【关键点】

①选择有色调味品时应注意用量，以不破坏绿色为佳。

②花椒的用量以入口时微麻为标准，过量食用花椒会使人感觉口舌麻木，也会掩盖其他调味品的鲜香味。

【代表菜品】

椒麻凤爪，椒麻舌片。

任务6　咸鲜味

【味型特点】

咸鲜清淡，醇厚香鲜，四季皆宜。

【调味品】

精盐，味精，香油（此处常用盐水咸鲜为例）。

【操作过程】

①将经过粗加工的原料，放入调好的咸鲜味汁中蒸熟或煮熟，冷却待用。
②将冷却后的原料经过刀工处理后装盘成菜。

【关键点】

①咸鲜味清淡平和，最好与其他较浓厚的味型配合使用，才能更加显现出咸鲜味的特点。
②咸鲜味中的咸度可以根据季节变化来调整。

【代表菜品】

葱油香菇，盐水鸭。

任务7　酸辣味

【味型特点】

色泽红亮，咸酸香辣，清爽可口。

【调味品】

精盐，味精，酱油，醋，辣椒油，白糖，香油。

【操作过程】

①将精盐放入调料碗内，加入酱油、醋、味精、白糖，充分搅拌。
②倒入辣椒油、香油调匀，即成酸辣味汁。

【关键点】

①单一味的运用中，酸味的运用应做到"酸而不酷"，所以醋的用量不应过多。
②酸辣味建立在咸鲜味的基础上，才能使整个味型更加平衡和谐。

【代表菜品】

酸辣荞面，酸辣凉粉。

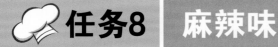 **任务8　麻辣味**..........

【味型特点】

色泽红亮，咸鲜麻辣，浓厚醇香。

【调味品】

精盐，味精，白糖，花椒粉，酱油，辣椒油，香油。

【操作过程】

①将精盐、味精、白糖放入碗内，倒入酱油搅拌至溶化。
②再加入花椒粉、辣椒油、香油调匀，即成麻辣味汁。

【关键点】

①控制好白糖的用量。
②麻辣味型突出的是辣味和麻味，所以一定要选择质量好的辣椒油和花椒粉，以保证麻辣味的味道醇正。
③酱油的用量也要合适，不能放得太多，以免影响菜肴的色泽。

【代表菜品】

麻辣鸡块，麻辣兔丁。

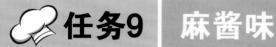 **任务9** 麻酱味 ....

【味型特点】

咸鲜醇正，香味浓郁。

【调味品】

精盐，酱油，白糖，味精，芝麻酱，香油，冷鲜汤。

【操作过程】

①先将芝麻酱用冷鲜汤调匀。
②加入酱油、白糖、精盐、味精、香油搅拌均匀，即成麻酱味汁。

【关键点】

①味汁的浓稠度应该适当，虽然要粘裹于原料之上，但不能太过浓稠，否则会产生腻口之感。
②麻酱味属于清淡味型，一般适合与本味鲜、质感脆的原料一起搭配使用。
③芝麻酱应该先稀释后才能加酱油调色，然后再加入其他的调味品调味。
④现在的麻酱味型调制中也有一些新的改进，例如在味汁中加入适量的辣椒油、醋等，以增加其风味，这样的做法也受到人们的推崇。

【代表菜品】

麻酱凤尾，麻酱鲜笋。

任务10 鱼香味⋯⋯⋯

【味型特点】

　　色泽红亮，咸鲜、酸甜、微辣，姜、葱、蒜味浓。

【调味品】

　　精盐，味精，白糖，酱油，辣椒油，醋，泡红辣椒末，姜末，葱花，蒜泥，香油。

【操作过程】

　　①将精盐、味精、白糖放入调料碗内，用酱油、醋调至溶化。
　　②放入泡红辣椒末、姜末、蒜泥、辣椒油、香油调和均匀。
　　③再放入葱花，即成鱼香味汁。

【关键点】

　　①泡红辣椒是酸辣味的主要原料，也是形成鱼香味的主要调味品，所以泡红辣椒在选择时一定要注意其品质。
　　②辣椒油在调味中只是辅助增加色泽和增加辣味，所以用量不能压过泡红辣椒的味感。
　　③在调味中，姜、葱、蒜也是构成鱼香味的主要调味品，它们之间组成的体积比例应是姜末＜蒜泥＜葱花。
　　④在操作的时候，泡红辣椒在剁成末时，籽应该去干净，以免影响成菜效果。

【代表菜品】

　　鱼香青元，鱼香兔丝。

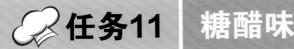

任务11 糖醋味⋯⋯⋯

【味型特点】

　　酸甜味浓，清爽可口。

【调味品】

精盐，酱油，白糖，醋，香油，精炼油。

【操作过程】

（1）拌制菜肴过程

①先将精盐、白糖用酱油充分调至溶化。

②再加入醋、香油调匀，即成糖醋味汁。

（2）炸收菜肴过程

①糖醋味用于炸收菜肴时，其调味过程是在加热中完成的，因此首先是将要加工的原料炸制。

②锅内加入少量精炼油，放入炸好的原料略炒，再加入鲜汤、糖色、精盐、白糖、少量醋收制，待汁液浓稠时最后倒入适量的醋、香油起锅装盘，撒上芝麻即成。

【关键点】

①糖醋味压制异味的作用较小，所以糖醋味一般应和异味较小的烹饪原料一起使用。

②在酸味较重的菜肴中一般不适合使用味精。

③糖醋味中的酸味与甜味要掌握平衡，不可偏重于任何一种单一味。

【代表菜品】

糖醋排骨，糖醋海蜇。

任务12 芥末味

【味型特点】

色泽淡雅，酸香咸鲜，辛辣爽口。

【调味品】

精盐，味精，芥末糊，醋，酱油，香油。

【操作过程】

①先将精盐、味精用酱油、醋调匀。

②再加入芥末糊、香油调匀，即成芥末味汁。

【关键点】

①在芥末味的调制中，芥末的辛辣味相当重要，所以芥末糊的制作便相当重要。
②芥末在制好后一定要立即使用，否则会失去绝大多数的冲香味。
③芥末味一般适合本味鲜、异味小、质地脆嫩的原料。

【代表菜品】

芥末西芹，芥末鸭掌。

任务13　椒盐味

【味型特点】

香麻咸鲜。

【调味品】

精盐，花椒，味精。

【操作过程】

①先将花椒去梗去籽备用。
②将花椒与精盐按1∶4混合，放入锅内炒至花椒壳呈焦黄色。
③待冷却后碾细，再加入味精即可。

【关键点】

做好的椒盐混合物不宜久放，也可加入适量的味精一起搭配使用。

【代表菜品】

椒盐鱼皮。

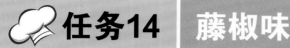

任务14 藤椒味

【味型特点】

　　麻辣鲜香，香味浓郁，色泽淡雅。

【调味品】

　　精盐，味精，鲜花椒，小米椒，香油，醋，葱花，鲜汤，精炼油。

【操作过程】

　　①藤椒味在凉菜中多用于"拌"这一烹调方法，做法是先将鲜花椒加精炼油用小火熬出香味，再将小米椒切成粒、葱切碎待用。

　　②取一小碗，加入精盐、味精、熬好的花椒油、小米椒、醋、香油、鲜汤调和均匀，再撒上葱花即成藤椒味汁。

【关键点】

　　①藤椒味注重清香味道，应避免烹饪菜肴后其他调料压抑了清香味。

　　②藤椒味制成菜肴后应符合色泽淡雅这一特点。

　　③熬制藤椒油时应采用小火，保持低油温，以避免大火熬制时将鲜花椒的鲜香味去除。

【代表菜品】

　　藤椒鸡块，藤椒鸡杂。

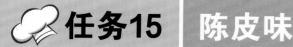

任务15 陈皮味

【味型特点】

　　色泽棕红，麻辣鲜香，陈皮味浓，略带回甜。

【调味品】

精盐，味精，白糖，姜，料酒，葱，干花椒，干陈皮，干辣椒，醪糟汁，糖色，鲜汤，香油，精炼油。

【操作过程】

①陈皮味多用于炸收菜肴中，其调味过程是在加热中完成的，因此首先是将要加工的原料进行炸制。

②在锅内加入精炼油炒香干花椒、干辣椒、姜、葱，加入鲜汤后再放入干陈皮、精盐、白糖、醪糟汁、糖色与菜品原料，用小火慢慢收汁入味。

③待汁将干时放入味精、香油炒匀起锅即可。

【关键点】

①陈皮味调制过程中加入的干花椒和干辣椒用量不能掩盖陈皮的芳香味。

②在选择陈皮时一般选用干制品，如果使用鲜陈皮一定要注意用量，否则成菜会有苦涩味。

③陈皮味是较浓厚的味型，可以与多种动物性原料配合使用。

④因为陈皮味的味型特点与炸收类麻辣味的味型特点近似，所以在进行菜肴搭配时应尽量避免混合使用。

⑤在烹调过程中可以加入适量的陈皮水增加风味。

【代表菜品】

陈皮兔丁，陈皮牛肉。

 任务16　五香味

【味型特点】

色泽黄亮，咸鲜浓香，略带回甜。

【调味品】

精盐，味精，白糖，糖色，料酒，五香料，鲜汤，香油。

【操作过程】

①锅内放入精盐、五香料、白糖、糖色、料酒、鲜汤，用中小火熬制成五香味汁。

②将初加工好的菜品原料放入五香味汁中，待汤汁浓稠、原料入味后放入味精、香油即可。

【关键点】

合理掌握五香料的配比，要避免汤汁味道因五香料过多而变苦。

【代表菜品】

五香豆筋，五香鳝段。

项目 4

油温的识别

>>>

对于油温，除了利用一些仪器测量以外，厨师们一般根据自己的经验对油温进行鉴别，比如根据油加热时的状态及投料后的反应来掌控油温。大量的经验发现，油的种类、用量、不同的加热方式、火力的大小等是影响油温的主要因素。

根据经验总结油温可以分为以下几类（如表4-1所示）：

表4-1　不同油温的特点及适用的烹制方法

油温名称	油温特点	适用的烹制方法
冷油温	油温一至两成（0～60 ℃），锅中油面平静	适用于油酥花生、油酥腰果等菜肴的制作
低油温	油温三至四成（70～120 ℃），油面平静，面上有少许泡沫，略有响声，无青烟	适用于干料涨发和滑熘、滑炒、松炸等菜肴的制作。具有保鲜嫩、除水分的功能
中油温	油温五至六成（130～180 ℃），油面泡沫基本消失，搅动时有响声，且有少量的青烟从锅四周向锅中间翻动	适用于炸、炒、炝等菜肴的制作。具有酥皮增香、使原料不易碎烂的作用
高油温	油温七至八成（190～240 ℃），油面平静，搅动时有响声，冒青烟	适用于炸、油爆、油淋等菜肴的制作。下料见水即爆，水分蒸发迅速，原料容易脆化
极高油温	油温九成左右（250～270 ℃）	适用于炸、油淋等菜肴的制作。由于油高温易变质，会产生有毒物质，对人体有害，因此不提倡使用此温度的油制作菜肴

项目 5

素菜类凉菜

任务1 麻酱凤尾

【材料配比】

①主料：凤尾（青笋尖）1根。

②调辅料：芝麻酱20 g，香油4 g，精盐5 g，味精1 g，白糖1 g，酱油10 g，鲜汤20 g。

【工艺流程】

①将凤尾去老叶、粗皮，修整干净，然后将凤尾切段，整齐地摆入盘内待用。

②芝麻酱用酱油和鲜汤稀释后，放入白糖、精盐、味精、香油调匀成味汁，淋在凤尾上即成。

成/品/特/点

咸鲜清香，质地脆嫩，凤尾色泽翠绿。

【操作要领】

①凤尾上面的老皮一定要去净，以免影响口感；刀工处理要求自然、美观、整齐。在这里因为我们采用的是生拌的手法，所以应该选用绿皮且较嫩的凤尾，否则会有苦涩的味道。

②芝麻酱在加入调味品之前一定要先稀释，否则会影响成菜的美观。

任务2　鱼香青元

【材料配比】

①主料：鲜豌豆200 g。

②调辅料：精盐1 g，味精1 g，白糖10 g，酱油3 g，醋5 g，姜末5 g，蒜末6 g，葱花10 g，泡辣椒末10 g，辣椒油20 g，香油5 g，精炼油1 000 g（约耗20 g）。

【工艺流程】

①鲜豌豆用刀划破皮后，放入六成油温的油锅内炸至酥脆（捞出豌豆壳），然后捞起待冷却后装入盘内。

②将酱油、精盐、白糖、醋、味精放入碗内充分调匀，再加入泡辣椒末、姜末、蒜末、葱花、辣椒油、香油调匀成鱼香味汁，出菜时淋在豌豆上即成。

【操作要领】

①豌豆在炸制时应该先用刀划破表皮，以免在炸制的过程中豌豆皮破裂溅油伤到自己；在炸制时应该将豌豆壳捞出，以免影响成菜效果；注意掌握好火候，不能炸焦豌豆。

②在调制鱼香味汁时，味汁应该要浓稠，以便更好地粘裹于原料之上。选择质量较好的泡辣椒，这样调出的鱼香味才会更加醇厚；姜、葱、蒜的用量应该适量才能突出鱼香味汁的香味；辣椒油不应过多，在调味中只起到辅助增色和增辣的作用；泡辣椒在剁碎之前应该将辣椒籽去干净，以免影响成菜效果。

任务3 酱香萝卜皮

【材料配比】

①主料：白萝卜3根。

②调辅料：精盐5 g，味精3 g，冰糖50 g，酱油15 g，醋5 g，白酒3 g，干红辣椒15 g，姜片10 g，葱段10 g，蒜瓣15 g。

【操作要领】

①萝卜皮腌制的时间一定要足，味汁才能充分地被萝卜皮吸收。

②萝卜皮腌制好后保存时间不宜过长，应尽快食用，以免影响萝卜皮爽脆的口感。

成/品/特/点

色泽棕红，萝卜皮爽脆，酱香味浓郁。

【工艺流程】

①将洗净的白萝卜削皮（萝卜皮厚约0.5 cm），再将削好的萝卜皮放在阳光下晒至半干装入盆内备用。

②取一干净小锅，倒入清水烧开，将干红辣椒切段，和冰糖一起放入沸水中煮5分钟，煮开后将锅挪至一旁，将晾凉后的辣椒糖水倒入装萝卜皮的盆中，再加入精盐、味精、酱油、醋、白酒、姜片、葱段、蒜瓣搅拌均匀后封上保鲜膜进行腌制。

③腌制1～2天即可食用，食用时将萝卜皮修成花瓣形放入盘中摆成花状即可上桌。

任务4　酸辣荞面

【材料配比】

①主料：干荞面100 g。

②调辅料：精盐3 g，味精2 g，酱油2 g，醋5 g，白糖2 g，香油3 g，小米椒20 g，二荆条青椒20 g，辣椒油30 g。

【操作要领】

①荞面在煮制过程中，应适当地加几次凉水，避免煳锅，煮好捞出后应该立即透凉。

②酸辣味汁要稍微多一点，但要"酸而不酷"，所以醋的用量不应过多，且酸味必须要在咸味的基础上才能使整个味道更加和谐。

【工艺流程】

①将干荞面放入沸水中煮熟，捞出后放进凉开水里透凉，装盘备用；小米椒和二荆条切成圈备用。

②将精盐、白糖、味精、酱油、醋放入碗内调化，再加入辣椒油、香油、小米椒、二荆条青椒调匀即成酸辣味汁，将味汁淋在荞面上即可食用。

成/品/特/点

色泽红亮，
咸酸香辣，
爽滑可口。

任务5 灯影苕片

【材料配比】

①主料：红苕200 g。

②调辅料：精盐1 g，白糖3 g，味精2 g，辣椒油50 g，香油3 g，精炼油1 000 g。

【操作要领】

①选料时应选用大小中等、无霉变、无虫眼的红心红苕，用刀片的灯影片应该完整均匀、厚薄一致。

②炸制时油温不宜太高。

③炸制酥脆的红苕片容易破碎，所以应尽量避免采用拌味汁的方法食用。

【工艺流程】

①红苕洗净去皮，切成长约6 cm、宽约4 cm的长方体，用平刀的方法将红苕片成完整的灯影片，放入清水中浸泡，然后用清水洗净，捞出沥干水分待用。

②炒锅放置火上，加入精炼油，待油烧至四五成油温时放入红苕片炸至色红酥脆时捞出，沥干油分，整齐地堆放在盘子里。

③将调味料放入小碗中调制成味汁，将调味碟摆放在红苕片旁即可。

任务6 珊瑚萝卜卷

【材料配比】

①主料：白萝卜200 g，胡萝卜100 g。

②调辅料：白糖120 g，柠檬酸2 g，精盐5 g。

成/品/特/点

色泽艳丽，
甜酸味浓，
造型美观。

【工艺流程】

①白萝卜洗净去皮，切成长方块，再片成长约10 cm、宽约8 cm、厚约0.1 cm的白萝卜片，放入水中漂洗待用；胡萝卜洗净，切成长约10 cm、粗约0.2 cm的丝，放入水中洗净待用。

②锅洗净后放入清水、白糖熬至溶化，撇去浮沫；起锅倒入调料缸中，再放入柠檬酸、精盐搅匀即成酸甜味汁。

③将白萝卜片、胡萝卜丝放入调料缸中的酸甜味汁中浸泡约30分钟取出。将白萝卜片放在干净的菜板上，放上5根胡萝卜丝，逐个卷成圆筒状，斜刀切成"马耳朵"形，入盘摆成"大丽菊"形，淋少许酸甜味汁即可。

【操作要领】

①味汁中白糖、精盐、柠檬酸的比例要适当，要做到"酸而不酷"，所以柠檬酸的用量不宜太多。

②白萝卜片应厚薄均匀，胡萝卜丝应粗细一致，这样做出来的萝卜卷效果才会更加美观。

③萝卜卷做好后切"马耳朵"时应保持斜度一致、大小均匀，这样摆放出来的"大丽菊"才会更加精美。

 任务7　糖粘花仁

【材料配比】

①主料：花生仁200 g。
②调辅料：白糖70 g。

【工艺流程】

①炒花生仁（炒时加盐）去皮备用。

②将锅洗净，加清水、白糖，用小火加热至锅中糖液黏稠（又称"飞丝""挂牌"）时，然后将锅远离灶火，放入花生仁粘裹糖液，再用炒勺将花生仁翻动均匀至互相分散，待温度降低，花生仁表面出现糖霜时，起锅晾凉装盘成菜。

成/品/特/点

色白起霜，
质地酥脆，
味道甜香。

【操作要领】

①花生仁一定要将其皮去掉，以保证成菜的效果，加工时可以选用盐炒或烘烤至酥脆的方法，不可以油炸至酥。

②熬糖的火候相当重要，应根据季节的不同灵活掌握，比如夏天应熬"老"一点，冬季则可熬得"嫩"一些，且采用小火慢慢熬制。

任务8 川北凉粉

【材料配比】

①主料：凉粉250 g。

②调辅料：精盐2 g，味精2 g，蒜泥8 g，辣椒油30 g，香油10 g，白糖2 g，酱油2 g，葱花15 g，油酥豆豉8 g，油酥豆瓣8 g，花椒粉4 g，鲜汤5 g。

【工艺流程】

①将凉粉切条（宽约0.4 cm），放入碗中备用。

②将精盐、味精、白糖、花椒粉放入碗内，加入鲜汤搅拌均匀，再放入酱油、辣椒油、油酥豆豉、油酥豆瓣、蒜泥、香油搅匀，最后将调好的味汁淋在凉粉上，撒上葱花即成。

【操作要领】

①味汁总体应该浓稠，表面光滑的凉粉才易于入味。

②调制此味汁的重点在于复合调味料的制作，因此在制作复合调味料时，从选料到火候都应该严格按照要求进行，如在制作油酥豆豉、油酥豆瓣时都应该选用小火进行炒制。

成／品／特／点

色泽棕红，
凉粉爽口，
麻辣鲜香，
豆豉味浓郁。

 山椒木耳

【材料配比】

①主料：水发黑木耳200 g。

②调辅料：胡萝卜50 g，白萝卜50 g，泡野山椒25 g，泡野山椒水200 g，精盐2 g，味精2 g，白醋5 g，香油10 g，白糖3 g，洋葱50 g，黄瓜30 g。

【工艺流程】

①黑木耳泡发拣净杂质、去根，将个大的撕成小块；胡萝卜、白萝卜去皮，切四方小块；洋葱切粗丝，黄瓜切小指条；取泡野山椒剁成末，待用。

②将泡野山椒水和泡野山椒末放在小盆内，加精盐、味精和白糖调好味汁，放入木耳、胡萝卜、白萝卜、洋葱、黄瓜浸泡约12小时，时间到后取出，加白醋、香油拌匀，装盘即可。

【操作要领】

木耳应保证充足的泡制时间，以便其充分吸收味汁。

成/品/特/点

色泽艳丽，
酸辣可口，
木耳爽脆。

成/品/特/点

毛豆软糯，
五香味浓。

任务10　五香毛豆

【材料配比】

①主料：毛豆500 g。

②调辅料：八角10 g，肉桂10 g，丁香2 g，花椒5 g，小茴香3 g，精盐10 g。

【工艺流程】

①将毛豆洗净，用剪刀把毛豆根蒂剪去（便于入味）。

②将八角、肉桂、丁香、花椒、小茴香混合成的料包放入凉水锅中，加入毛豆，大火煮开后再放精盐。转小火煮20分钟后关火，盖上盖子焖1个小时，拿出料包，将毛豆放凉装入盘中即可。

【操作要领】

煮好后一定要加盖焖制以便五香味更好地融入毛豆。

任务11　炸收豆筋

成/品/特/点

色泽棕黄,
香味浓郁,
回味悠长。

【材料配比】

①主料:干豆筋100 g。

②调辅料:五香粉1 g,姜10 g,葱20 g,精盐3 g,味精1 g,香油5 g,糖色适量,鲜汤适量,精炼油1 000 g(约耗50 g)。

【工艺流程】

①干豆筋用温水浸泡约8小时,取出切成长8 cm的段;姜切片;葱去黄叶切段。

②锅中倒入精炼油烧至六成油温,下豆筋炸至金黄,皮起皱时捞出。

③将葱、姜放入油中浸炸出香味,加入鲜汤,下糖色、豆筋、五香粉,用小火慢烧收汁,待汁水快干时放味精、精盐,然后等水干油亮时加香油起锅放凉,最后将豆筋整齐地摆入盘中即可。

【操作要领】

①干豆筋一定要泡至回软,以免影响成菜的口感。

②豆筋需采用小火收汁,以使其充分吸水回软,达到最佳的食用口感。

 **任务12 冷炝瓜条**

【材料配比】

①主料：黄瓜250 g。

②调辅料：干辣椒5 g，花椒3 g，精盐3 g，味精2 g，精炼油25 g。

【工艺流程】

①将黄瓜洗净，切开去籽，再切成长约8 cm、宽约1 cm的瓜条，然后用精盐、味精腌制，放入盘中备用。

②锅放置火上，倒入适量精炼油，烧至六成油温，放入干辣椒、花椒，炝炒出干辣椒、花椒的香味，然后淋在瓜条上即成。

成/品/特/点

色泽翠绿，
香辣微麻，
爽脆可口。

【操作要领】

①黄瓜应该去掉瓜瓤以免影响成菜效果，且切的瓜条要整齐均匀。

②炝炒干辣椒、花椒时应注意火候，避免焦煳。

 **任务13** **胭脂萝卜**

【材料配比】

①主料：樱桃萝卜250 g。

②调辅料：精盐3 g，白糖10 g，白醋10 g。

【工艺流程】

①将樱桃萝卜洗净，切成"雀翅"形，用少许精盐腌制，备用。

②在无油的锅中加入适量的清水烧开，加入所有调味料，待水再次烧开后，关火，直到彻底冷却，然后加入沥干水分的"雀翅"形樱桃萝卜，腌制10分钟即可装碗食用。

【操作要领】

①"雀翅"的形状要厚薄一致、大小均匀。

②调制味汁时应避免接触到油脂，否则会影响菜品爽脆的口感。

 任务14　什锦果蔬

【材料配比】

①主料：玉米粒50 g，胡萝卜30 g，橙子30 g，火龙果30 g，猕猴桃30 g。

②调辅料：精盐3 g，白糖5 g。

【工艺流程】

①胡萝卜切丁，锅洗净放置火上，放入适量清水烧开，加入玉米粒、胡萝卜丁焯水断生；火龙果、猕猴桃、橙子切丁，备用。

②将焯过水的胡萝卜丁、玉米粒、火龙果丁、猕猴桃丁、橙子丁放入碗中，加入精盐、白糖搅拌均匀，装盘成菜。

【操作要领】

①胡萝卜、火龙果、猕猴桃、橙子在刀工处理时，应和玉米粒大小基本一致。

②玉米粒一定要焯水至熟。

成/品/特/点

颜色鲜艳，酸甜爽口，醒酒解腻。

任务15 美极茶菇

【工艺流程】

①鲜茶树菇洗净、去根；锅放置火上加入清水烧沸，将洗净的茶树菇焯水至断生，备用；小葱洗净，切段备用。

②将精盐、味精、美极鲜酱油、香油、鲜汤放入碗内调匀，加入焯过水的茶树菇和葱段拌匀，装盘即可。

【材料配比】

①主料：鲜茶树菇250 g。

②调辅料：小葱10 g，精盐2 g，味精1 g，美极鲜酱油3 g，香油10 g，鲜汤适量。

【操作要领】

茶树菇焯水时间不宜过长，以刚断生为宜，否则会影响其口感。

成/品/特/点

咸鲜清淡，
茶树菇清香，
美味浓郁。

 任务16　金钩兰花

【材料配比】

①主料：西兰花250 g。

②调辅料：干金钩20 g，精盐3 g，味精1 g，香油3 g，精炼油2 g，鲜汤适量。

【工艺流程】

①西兰花洗净，刀工处理成小块，放入加有精炼油的水中焯至断生；干金钩温水泡发后焯水备用。

②碗内放精盐、味精，取少量鲜汤搅拌至溶化，加入香油调和均匀，然后放入焯好水的西兰花和金钩，搅拌均匀，装盘成菜。

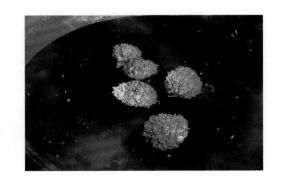

【操作要领】

焯水时放入少量精炼油的目的在于更好地保持原料的色泽。

任务17　剁椒蕨粉

成/品/特/点

蕨粉滑爽，
咸鲜酸辣，
回味无穷。

【材料配比】

①主料：蕨根粉250 g。

②调辅料：小米椒5个，葱花10 g，精盐2 g，味精1 g，醋5 g，生抽10 g，香油2 g，白糖2 g，鲜汤20 g。

【工艺流程】

①蕨根粉用开水煮2分钟，关火后泡3分钟，捞出再用冷开水泡几十秒，然后捞出沥干水分，装盘；小米椒切碎备用。

②碗内放入精盐、味精、白糖、鲜汤，搅拌均匀至调味品溶化，再放入小米椒、醋、生抽、香油混合，最后将味汁淋在蕨根粉上，撒上葱花即可。

【操作要领】

①蕨根粉在煮制过程中，可适当点几次凉水，避免煳锅。

②煮好后的蕨根粉用冷开水泡是为了防止粘连，以免影响成菜效果。

③味汁可以多调制一些，以使原料更加入味。

任务18　柠汁糖藕

【材料配比】

①主料：藕250 g。

②调辅料：柠檬1个，精盐2 g，白糖5 g，鲜汤适量。

【工艺流程】

①藕洗净，从中间切开，切成厚0.2～0.3 cm的薄片；锅放置火上，放入适量的清水，将藕焯水至断生，过凉开水备用。

②碗中加入精盐、白糖，将柠檬对切，把汁水挤到碗内，加入适量鲜汤，搅拌至固体调味品全部溶化；将过凉水的藕片放入调味汁中浸泡30分钟，然后装盘成菜。

【操作要领】

①藕片焯水时间不宜过长，以免影响其爽脆的口感。

②调制味汁时必须加入适量精盐，以使酸甜味的口感更加和谐。

成/品/特/点

色泽素雅，
酸甜适口，
造型美观。

任务19　糟醉春笋

【材料配比】

①主料：春笋500 g。

②调辅料：精盐3 g，醪糟汁70 g，花椒1 g，土鸡油30 g，姜片15 g，葱白20 g，鲜汤200 g。

【工艺流程】

①春笋洗净去外壳、去掉质老的根部，入沸水中煮20分钟左右，捞出用凉水透凉；将春笋切成长约6 cm、宽约3 cm、厚约0.2 cm的"柳叶片"。

②将春笋放入碗内，加入精盐、醪糟汁、花椒、葱白、姜片、土鸡油、鲜汤拌匀，碗口封上草纸，上笼蒸大约20分钟取出，待冷却后去掉草纸，整齐地放入碗内淋上原汁即可。

【操作要领】

①选用质嫩、颜色呈白黄的时令春笋。

②春笋蒸好后应加适量原汤再上桌。

成/品/特/点

色泽淡雅，
糟香浓郁，
质地细嫩。

任务20　蛋酥花仁

【材料配比】

①主料：花生仁500 g。
②调辅料：鸡蛋100 g，淀粉50 g，精盐5 g，精炼油500 g。

【工艺流程】

①取少量蛋清将淀粉调散，再放入全部鸡蛋搅拌成全蛋淀粉糊；花生仁用沸水泡一下捞起，加精盐拌匀，放入全蛋淀粉糊中挂糊。

②炒锅放置火上，倒入精炼油烧至四成油温（约120 ℃），下花生仁炸至鸭黄色时捞起，放凉装盘即成。

【操作要领】

①炸花生仁的油温不宜过高，用四成油温浸炸会更加酥脆。
②花生仁下锅后轻轻搅一下使其散开，但要避免将花生仁表面的蛋糊弄掉。
③成菜色泽鸭黄、酥香、化渣。

任务21　藿香激胡豆

【材料配比】

①主料：干胡豆500 g。

②调辅料：泡菜水200 g，白糖30 g，精盐4 g，酱油10 g，醋100 g，泡红辣椒茸50 g，藿香嫩叶10 g，熟菜油50 g，香油5 g。

【工艺流程】

①藿香洗净，切成长约1 cm的小节，泡红辣椒去籽剁碎；取一小坛，倒入泡菜水，加凉开水（400 g），依次放入精盐、泡红辣椒茸、白糖、醋、酱油、熟菜油、香油调匀成味汁待用。

②炒锅放置小火上，放入洗净的胡豆，慢炒至胡豆成熟有香味后起锅，趁热放入调好的味汁内，撒上藿香嫩叶，盖上盖子，腌制两个小时左右，待胡豆充分吸水后，装盘并淋上少许味汁即成。

成/品/特/点

胡豆绵软适口，咸鲜微辣回甜，略带藿香味。

【操作要领】

①调出的味汁带有酸甜微辣的特点，所以应注意各种调味品的用量。

②炒制胡豆时要勤翻动，使之受热均匀；灵活掌握激胡豆的时间，以让胡豆充分吸水发胀为佳。

任务22　韭香桃仁

【材料配比】

①主料：核桃仁250 g。

②调辅料：韭菜100 g，精盐2 g，味精1 g，香油3 g，鲜汤适量。

【工艺流程】

①核桃仁用温水浸泡30分钟，去掉外面的薄皮；韭菜切成短节备用。

②碗内放入精盐、味精、适量鲜汤混合均匀；将去皮的核桃仁、韭菜段放入碗中，倒入香油，搅拌均匀，装盘成菜。

【操作要领】

①核桃仁浸泡时间一定要充分，才容易去掉表皮。

②韭菜不宜切太长，以免影响成菜效果。

成/品/特/点

核桃香甜，韭香怡人。

任务23　蒜香茼蒿

成/品/特/点

色泽青绿，
质脆嫩，
蒜味突出，
清香怡人。

【工艺流程】

①茼蒿洗净、去根蒂，切成长8～10 cm的段，同红椒丝一起放入盘中备用；蒜泥剁细，加少许香油搅拌均匀，备用。

②精盐、味精、白糖用少许冷鲜汤溶解后，再加入蒜泥搅拌均匀，最后将味汁淋在茼蒿上即成。

【材料配比】

①主料：茼蒿250 g。

②调辅料：精盐2 g，味精2 g，白糖4 g，香油5 g，蒜泥25 g，红椒丝5 g，冷鲜汤适量。

【操作要领】

茼蒿调味后放置时间不宜过长，以免影响口感。

任务24　蒜泥黄瓜

【材料配比】

①主料：黄瓜300 g。

②调辅料：姜片10 g，葱段20 g，大蒜30 g，味精2 g，红糖100 g，五香料20 g，酱油400 g，香油5 g，红油50 g，精盐2 g，辣鲜露2 g。

【工艺流程】

①黄瓜去蒂、去头，放入淡盐水内浸泡10分钟，取出对剖为两半，切成五刀一断的"雀翅"形小块，撒上少许精盐腌制待用；锅内加入酱油、姜片、葱段、五香料（包）、红糖、清水，小火熬煮至汁液浓稠，倒出放凉后即为复制酱油；大蒜剁泥备用。

②将黄瓜块在圆盘内摆成风车形，淋上用味精、香油、红油、复制酱油、辣鲜露调制的调料，最后浇上蒜泥即成。

成/品/特/点

成型美观，
蒜香浓郁，
色泽红亮。

【操作要领】

①切黄瓜时应保持刀距相等，切好的黄瓜应大小一致。

②复制酱油应采用小火慢熬，以免焦煳粘锅。

沾水秋葵

成/品/特/点

色泽碧绿，
口感绵柔，
香辣味浓。

【工艺流程】

　①秋葵去头焯水后过冷水透凉备用；锅内倒入菜籽油，加入剁细的郫县豆瓣、辣椒粉用小火炒香上色，然后加入花椒粉搅匀起锅放凉后作为香辣酱备用。

　②将秋葵切成两半，再切成四刀一断的刷把形，顺时针摆入盘内，取一味碟，放入香辣酱、酱油、精盐、味精调匀，撒上葱花即成。

【材料配比】

　①主料：秋葵300 g。

　②调辅料：郫县豆瓣50 g，辣椒粉10 g，花椒粉3 g，葱花10 g，菜籽油150 g，味精2 g，精盐2 g，酱油5 g。

【操作要领】

　①香辣酱的制作应采用小火炒香上色，以免焦煳而影响成菜口感。

　②秋葵焯水断生即可，不宜久煮，以免影响其口感。

任务26　蚝油芦笋

【材料配比】

①主料:芦笋300 g。

②调辅料:蚝油20 g,老姜10 g,红甜椒20 g,冷鸡汤40 g,精盐3 g。

【工艺流程】

①芦笋去掉老头、粗皮后,焯水透凉待用;老姜去皮切成细丝,红甜椒切成细丝。

②将芦笋切成长约5 cm的段放入盘中,撒上甜椒丝、姜丝,上菜时配上用冷鸡汤、蚝油、精盐调制的蘸料即成。

【操作要领】

①选用质嫩、色绿的新鲜芦笋。

②芦笋焯水后应立即透凉,以免变色而影响成菜效果。

任务27 酱香小黄瓜

【材料配比】

①主料：小黄瓜500 g。

②调辅料：蒜30 g，辣椒节100 g，姜20 g，精盐3 g，酱油10 g，醋10 g，白糖5 g，味精3 g，花椒2 g，鲜汤适量，花生油20 g。

【操作要领】

①选用小黄瓜，菜品制作完成后口感更加爽脆。

②干辣椒、花椒一定要爆炒出煳辣味。

③腌制时间一定要足够，才能保证味汁充分地被小黄瓜吸收。

【工艺流程】

①黄瓜洗净、晾干，将黄瓜切成段，撒盐并拌匀；姜切片，蒜从中间切开，撒在黄瓜上面，一起放入盆中。

②锅中倒入适量鲜汤煮开，加入酱油、精盐、味精、白糖搅匀后关火，放凉加醋，然后一起倒入盛有黄瓜的盆中。

③锅放置火上，倒入花生油烧至六成油温，加入辣椒节、花椒爆香后淋入盆中，盆上加盖，腌制一天即可食用。

成/品/特/点

色泽棕黄，
口感脆嫩，
咸鲜、酸甜、微辣，
各味皆有。

任务28 辣白菜

【工艺流程】

①冲洗整棵白菜，准备好精盐（30 g）；白菜从根部切开一小段（5～10 cm），用手掰成2瓣，用同样的方法，将1/2的白菜再分成2瓣，得到4小瓣；在每一片白菜叶上均匀地抹上精盐，放在干燥、无油的容器里腌制；8～10小时后白菜变软，倒掉渗出的水分，抖掉多余的盐分。

②姜和大蒜用压蒜器压成泥，放入盆里；韭菜切成小段、葱切末，也放进盆里，加入辣椒粉、白糖和剩余的精盐，充分搅拌，静置半小时，然后再搅拌均匀，作为酱料待用；将沥干水分的白菜铺好，逐片涂抹酱料，然后将白菜放在保鲜盒里，盖上保鲜盖，放进冰箱里冷藏，7天后即可食用。

【材料配比】

①主料：大白菜1棵（约1 500 g）。

②调辅料：大蒜100 g，葱50 g，老姜50 g，韭菜50 g，辣椒粉70 g，白糖30 g，精盐50 g。

【操作要领】

①白菜抹盐要均匀，腌制时间要充分，以免影响后期白菜发酵及成菜后的口感。

②白菜涂抹酱料后发酵的时间应充足，才能更好地体现出辣白菜的酸辣味。

成/品/特/点

颜色鲜艳，
咸鲜香辣，
口感爽脆。

成/品/特/点

色泽清新，
果香浓郁，
造型美观。

任务29　果香山药

【材料配比】

①主料：山药250 g。

②调辅料：橙汁20 g，精盐1 g，白糖50 g，凉开水适量。

【工艺流程】

①山药洗净去皮，切成长约5 cm、宽约0.3 cm的条；锅放置火上，加入清水烧开，将山药焯水断生，备用。

②碗中放入精盐、白糖，加入凉开水，搅拌均匀至调料溶化，再加入橙汁搅匀，放山药条浸泡入味，出菜时将调好的橙汁淋在摆好盘的山药上即可。

【操作要领】

①山药焯水时间不宜过长，以保证其爽脆的口感。

②山药的刀工处理要整齐均匀，且在焯水前一定要用水浸泡，以免变色。

 任务30　葱香雪豆

【材料配比】

①主料：干雪豆250 g。

②调辅料：精盐3 g，味精2 g，香葱50 g，精炼油15 g，鲜汤适量。

【工艺流程】

①干雪豆洗净，温水泡发一夜；锅放置火上，倒入清水烧开，将泡发的雪豆放入锅中，煮至熟软，过凉水备用；将精炼油倒入锅中，烧至三成油温时放入香葱，浸炸出香味制成葱油待用。

②雪豆放入碗中，加入精盐、味精、鲜汤、葱油搅拌均匀，装盘成菜。

【操作要领】

①干雪豆要泡发到位，以保证煮制后有熟软的口感。

②炸小葱一定要采用小火浸炸的方法，以使小葱的香味充分地融入油中。

成/品/特/点

色泽清雅，
口感软糯，
葱香味浓郁。

任务31 烧椒茄子

【材料配比】

①主料：茄子500 g。

②调辅料：二荆条青椒50 g，蒜泥20 g，葱花5 g，醋10 g，精盐4 g，味精2 g，白糖5 g，辣椒油30 g，香油5 g，酱油15 g。

【工艺流程】

①将二荆条青椒拿到小火上慢烤，烤至表皮破裂，然后用刀剁细；茄子洗净、去蒂，切成两半，放进蒸笼进行蒸制，约5分钟后取出待用。

②将剁好的烧椒末放入碗内，加入精盐、味精、白糖、醋、蒜泥、辣椒油、香油、酱油搅拌均匀；将放凉后的茄子用手撕开，整齐地放入盘内，把调好的味汁淋在茄子上，撒上葱花即可。

【操作要领】

①烧椒一定要用小火烤制，且不能将其内部烤煳；茄子可以去皮进行蒸制，蒸制时间不宜过长，以免影响茄子的成菜口感。

②酱油的用量不宜过多，因为茄子在调好味后还会出水，所以需准确掌握各种调味品的比例。

成/品/特/点

色泽美观，
烧椒味浓郁，
咸鲜辣中带酸味。

 **任务32　金丝红松**

【材料配比】

①主料：土豆100 g，胡萝卜100 g。

②调辅料：精盐3 g，酱油10 g，白糖5 g，味精2 g，冷鲜汤50 g，辣椒油50 g，香油5 g，精炼油500 g。

【工艺流程】

①胡萝卜、土豆洗净去皮，切成银针丝；锅放置火上，倒入精炼油，用温油将胡萝卜丝和土豆丝炸至酥脆时捞出备用。

②将精盐、味精、白糖放入碗中，加入酱油、冷鲜汤调散溶化，再放入辣椒油、香油调匀成辣椒油味汁，然后放入味碟中与炸好的银针丝搭配成菜。

【操作要领】

①切丝不可太细或太粗，且边切应边将丝浸泡。

②炸制丝的精炼油一定要干净，炸制时要注意掌握火候。

③炸好的丝可以放在吸油纸上吸去多余的油。

成/品/特/点

色泽金黄，
味汁红亮，
咸鲜香辣，
口感焦脆。

 **任务33** **鸡汁豆干**

【材料配比】

①主料：豆腐干250 g。

②调辅料：鸡汁10 g，精盐2 g，白糖1 g，香油3 g，鲜汤适量，精炼油500 g（约耗80 g）。

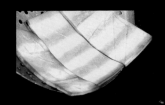

【工艺流程】

①豆腐干洗净；锅放置火上，倒入精炼油，烧至六成油温后放入豆腐干，炸至表皮呈黄色时捞出；将炸好的豆腐干切成三角形备用。

②锅放置火上，倒少量油，加入豆腐干、鲜汤、精盐、白糖、鸡汁调味，收汁亮油时再加入香油，放凉装盘成菜。

成/品/特/点

色泽分明，咸鲜味美。

【操作要领】

收汁加入鲜汤不宜过多，应采用小火慢收的方法。

 任务34　五彩腐竹

【材料配比】

①主料：水发腐竹150 g。

②调辅料：红椒丝3 g，黄椒丝3 g，黄瓜丝3 g，葱丝3 g，精盐3 g，味精2 g，香油5 g，鲜汤适量。

【工艺流程】

①将水发腐竹洗净，下沸水焯至成熟捞出并透凉，改刀成长约5 cm的段，装盘待用。

②取一个碗，将精盐、味精、香油、鲜汤一同放入碗中搅拌均匀，然后将调好的味汁淋在腐竹上，最后撒上红椒丝、黄椒丝、黄瓜丝、葱丝即可。

【操作要领】

①刀工处理红椒丝、黄椒丝、黄瓜丝、葱丝时应保证粗细均匀，以免影响成菜效果。

②腐竹在焯水前应充分泡发。

成/品/特/点

色泽艳丽，咸鲜爽口，造型美观。

任务35　姜汁豇豆

【材料配比】

①主料：豇豆250 g。

②调辅料：精盐4 g，姜末20 g，味精2 g，酱油2 g，醋15 g，冷鲜汤50 g，香油5 g，食用油少许。

成/品/特/点

色泽翠绿，咸鲜带酸，姜味浓郁，清爽宜口。

【工艺流程】

①将豇豆清洗干净，放入加有少许食用油的沸水中快速焯水，捞出后过凉开水待用。

②将透凉的豇豆捞出，改刀成长约8 cm的段整齐地摆在盘中，将姜末、酱油、味精、精盐、醋、冷鲜汤、香油放入碗内调匀成姜汁味汁，淋在摆好的豇豆上即可。

【操作要领】

①味汁必须是在咸鲜味的基础上才能突出姜汁味和醋的酸味。

②豇豆改刀时应长短一致，装盘才能整齐美观。

③姜汁的色泽不能掩盖豇豆的翠绿色。

任务36　烧拌冬笋

【材料配比】

①主料：冬笋400 g。

②调辅料：二荆条青椒20 g，精盐3 g，味精2 g，香油8 g，鲜汤适量。

【工艺流程】

①带壳冬笋放入小火中慢慢加热，熟透后取出，趁热去掉外壳和粗老部位，然后用刀将冬笋切成厚约0.5 cm的片，整齐地装入盘中待用。

②将二荆条青椒放在炭火上烧制，皮皱时拿出，切成"马耳朵"形，放在冬笋片上；取一个碗，放入精盐、味精、香油、鲜汤调匀后淋在冬笋片上即可。

成/品/特/点

色泽棕黄，
口感脆嫩，
造型美观，
具有特殊焦香风味。

【操作要领】

烧冬笋时最好用木炭小火埋着烧，这样能更好地保持冬笋的清香味。

任务37 葱油凉瓜

【材料配比】

①主料：凉瓜250 g。

②调辅料：精盐3 g，味精2 g，香葱50 g，精炼油适量，鲜汤适量。

【工艺流程】

①凉瓜洗净、去蒂，从中间切开、去籽，刀工处理成厚约0.2 cm的薄片，备用；锅放置火上，倒入清水烧开，将凉瓜片焯水断生，过凉水后沥干水分，备用。

②将凉瓜整齐地摆入盘中，取一个小碗，加入精盐、味精、葱油、鲜汤调至溶化，淋在凉瓜上即可。

【操作要领】

①凉瓜刀工处理时应厚薄均匀。

②凉瓜焯水时间不宜太久，以免影响其爽脆的口感。

 葱油：将香葱放入精炼油中用小火浸炸出香味的一种调味用油。

任务38　卤汁香菇

【材料配比】

①主料：水发香菇（鲜）250 g。
②调辅料：精盐2 g，酱油2 g，香料10 g，味精1 g，白糖2 g，香油2 g，鲜汤适量。

【工艺流程】

①将水发香菇洗净、去蒂，挤去水分，放入碗内，倒入鲜汤，入笼蒸熟后取出。
②炒锅放置中火上，加入蒸熟的香菇和汤汁，再加酱油、白糖、精盐、香料收汁入味，待汤汁浓稠时，加入味精、香油炒匀，即可出锅装盘。

【操作要领】

①干香菇应充分泡发，以保证良好的成菜口感。
②应采用小火慢收，使汤汁中的味道充分地融入香菇内。

成品/特/点

色泽浅黄，
造型美观，
卤汁味浓。

任务39 鲜椒仔姜

【材料配比】

①主料：仔姜250 g。

②调辅料：青、红辣椒各20 g，精盐4 g，味精2 g，酱油1 g，醋3 g，香油10 g，鲜汤适量。

【工艺流程】

①仔姜洗净、切片备用；青、红辣椒洗净、切丝备用；将仔姜片和辣椒丝混合搅拌均匀，撒少许精盐进行腌制。

②将精盐和味精放入碗中，加适量鲜汤，待精盐和味精彻底溶化后加入酱油、醋、香油，淋在仔姜片和辣椒丝上，搅拌均匀，装盘成菜。

【操作要领】

①原料应选用色白、质嫩、无筋的仔姜为宜。

②酱油用量不宜过多，以免影响成菜色泽。

成品特点

色泽素雅，
口味鲜辣，
质地爽脆。

任务40 烤椒皮蛋

【材料配比】

①主料：皮蛋3~4个。

②调辅料：青椒50 g，精盐2 g，味精1 g，酱油2 g，醋2 g，香油2 g。

【工艺流程】

①将皮蛋剥去灰壳、洗净，然后对切成两瓣，每瓣改刀成4小瓣装入盘中；将青椒用火烧至发焦、皮皱时捞出，剁细备用。

②碗内放入精盐、味精、酱油、醋、香油，搅拌均匀，再放入剁细的烤青椒，搅拌均匀，最后将味汁淋在皮蛋上即成。

【操作要领】

①烤椒以二荆条青椒为佳，且青椒一定要用小火烤制，不能将其内部烤煳。

②酱油、醋的用量不宜过多，以便味汁能够更好地附着于原料上。

③在调味时应准确掌握各种调味品的比例。

成/品/特/点

色泽艳丽，咸鲜微辣，烧椒味浓郁。

![任务41图标] **任务41**　　**飘香银杏**

【材料配比】

①主料：银杏250 g。

②调辅料：精盐3 g，味精1 g，香油3 g，鲜汤适量，小番茄5个。

成/品/特/点

色泽素雅，
咸鲜味浓，
质感脆嫩。

【工艺流程】

①锅放置火上，倒入清水，待水烧开后放入银杏，焯至断生，起锅过凉水，沥干水分后撒少量盐，搅拌均匀备用；小番茄从中间对切成两瓣备用。

②碗中放入味精、剩余的精盐，加适量鲜汤搅拌直至固体调味品溶解，然后加入香油、银杏，搅拌均匀，装盘并点缀小番茄即可。

【操作要领】

银杏焯水后可以适当增加过凉水的时间，以去除其残留的苦味。

 **糟香栗子**

【材料配比】

①主料：去壳栗子500 g。

②调辅料：精盐3 g，醪糟汁70 g，花椒1 g，土鸡油30 g，姜片15 g，葱白20 g，鲜汤200 g。

【工艺流程】

①锅放置火上，放入清水烧沸，将栗子放入水中，焯水断生备用。

②将刀工处理好的栗子放入碗内，加入精盐、醪糟汁、花椒、葱白、姜片、土鸡油、鲜汤，拌匀后碗口封上草纸，上笼蒸制大约30分钟取出，待冷却后去掉草纸，整齐地放入碗内淋上少许原汁即可。

【操作要领】

①栗子应尽量去除表皮，以免影响成菜效果。

②栗子蒸制的时间要充足，才能体现栗子软糯的口感。

成/品/特/点

色泽浅黄，
口感软糯，
糟香味浓。

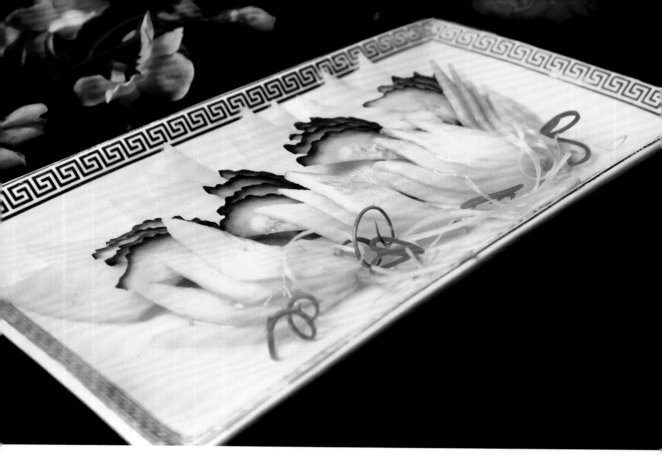

任务43　翡翠茭白

【材料配比】

①主料：茭白250 g。

②调辅料：黄瓜50 g，红椒丝5 g，葱丝5 g，精盐3 g，味精1 g，香油3 g，鲜汤适量。

【操作要领】

应选用色白、质嫩、无斑点的茭白。

【工艺流程】

①将茭白去皮，□□□部分，再从中间切开，□□水至刚熟捞出，然后放□□透凉，捞出改刀成薄片□□入盘内；将黄瓜改刀成□□盘内备用。

②取一小碗，□□□精、香油、鲜汤调□□上，撒上红椒丝、葱□□。

成/品/特/

口感脆嫩，

咸鲜适口，

色泽清爽。

任务44　炝莲白卷

【材料配比】

①主料：莲白250 g。

②调辅料：红椒丝20 g，干辣椒5 g，花椒3 g，精盐3 g，味精2 g，白糖2 g，精炼油10 g，香油3 g。

【工艺流程】

①莲白洗净，去除老叶部分，用刀加工成宽约5 cm、长约10 cm的条带状；锅放置火上，加清水烧开，将刀工处理好的莲白焯水，过凉水后沥干水分，然后加入精盐、白糖、味精、香油，搅拌均匀；每片莲白放入两根红椒丝卷成卷，切成"马耳朵"形，放入盘内摆成"大丽菊"形。

②锅洗净、放置火上，倒入少许精炼油烧热，加入干辣椒、花椒，待有香味时起锅，淋在莲白卷上即成。

成/品/特/点

颜色翠绿，咸鲜中带微麻辣味。

【操作要领】

①莲白焯水时间不宜过久，以免影响其翠绿的色泽。

②干辣椒、花椒不能炒煳，以刚炒出煳辣味起锅为宜。

 **牛舌青笋**

【材料配比】

①主料：青笋150 g，红皮萝卜100 g。

②调辅料：精盐2 g，酱油1 g，白糖2 g，味精1 g，冷鲜汤10 g，辣椒油30 g，香油2 g。

【工艺流程】

① 青笋去皮、洗净，片成厚0.06～0.1 cm、宽2.5～3.5 cm、长10～17 cm的牛舌片；红皮萝卜片成薄片，将青笋片和萝卜片对折放入盘中进行造型，装盘备用。

② 将精盐、味精、白糖放入碗中，加入酱油、冷鲜汤调至溶化，再放入辣椒油、香油调匀成红油味汁，浇在青笋牛舌片上即成。

【操作要领】

①刀工处理青笋片、胡萝卜片时应保持厚薄均匀。

②调好的红油味汁应色泽红亮、咸鲜醇厚、香辣适口。

成/品/特/点

色泽红亮，咸鲜香辣，脆嫩爽口。

任务46　西芹银耳

【材料配比】

①主料:西芹100 g,鲜银耳100 g。

②调辅料:精盐3 g,味精1 g,香油2 g,鲜汤40 g。

【工艺流程】

①将西芹洗净切成薄片,鲜银耳去蒂改小,两者一同入锅焯水,装入盘中待用。

②将精盐、味精、香油、鲜汤一同放入碗内调匀成咸鲜味汁,淋在装好盘的原料上即可。

【操作要领】

西芹、木耳焯水至断生即可,不宜过久,这样能更好地保证原料的色泽和口感。

任务47　酱酥桃仁

【材料配比】

①主料：核桃仁100 g。

②调辅料：白糖80 g，甜面酱3 g，精炼油500 g（约耗10 g）。

【操作要领】

①选用颜色黄白、瓣形完整、无霉烂的核桃仁，用开水泡至皮皱即可。

②掌握好炸核桃仁的油温及炒糖汁的火候。

③粘糖时，开始翻炒速度较快，待核桃仁粘上糖汁快冷却时，再把动作放轻、速度放慢，只要不让核桃仁粘成团即可。

成/品/特/点

色泽浅棕黄，

香酥化渣，

甜味突出，

酱香味浓。

【工艺流程】

①核桃仁用沸水泡约5分钟（表皮软后）捞出，撕去外皮，再用热水反复泡至涩味减少。

②锅放置中火上，倒入精炼油烧至四成油温，放入核桃仁炸至色泽微黄、酥脆时捞出。

③锅洗净、放置中火上，加入清水、白糖熬成糖液，待糖液起密集小泡（无水蒸气）时，加入甜面酱炒出香味后将锅挪至一旁，然后加入核桃仁，用锅铲翻炒使糖液均匀地粘裹在桃仁上，冷却后装盘成菜。

任务48　芥香青菜

【材料配比】

①主料：青菜叶250 g。

②调辅料：芥末糊4 g，精盐3 g，味精2 g，醋2 g，酱油1 g，香油2 g，冷鲜汤适量。

【工艺流程】

①将青菜叶洗净、焯水，过凉水后切成颗粒状，备用。

②将芥末糊放入碗内，加入精盐、味精、醋、酱油、冷鲜汤、香油调匀，淋在青菜上，搅拌均匀后装入模具，造型成菜。

【操作要领】

青菜粒要大小均匀，且要充分掌握各种调料的配比。

成/品/特/点

色泽翠绿，
爽脆可口，
咸酸中带冲味。

任务49　葱油香菇

【材料配比】

①主料：鲜香菇250 g。

②调辅料：精盐3 g，味精2 g，姜10 g，葱20 g，精炼油30 g，冷鲜汤7 g。

【工艺流程】

①将鲜香菇清洗干净，去掉香菇蒂，用刀将鲜香菇切成稍厚的片，备用；将切好的香菇片下沸水迅速焯水断生，捞出后用凉水透凉，备用。

②锅内倒入精炼油，加姜、葱慢慢地炸出香味，捞出姜、葱，将炸制好的葱油放入碗中，待冷却后将精盐、味精、冷鲜汤放入葱油内调散，然后加入透凉的香菇搅拌均匀，最后将调好味的香菇放入盘内摆成菊花形状即可。

成/品/特/点

咸鲜清淡，
葱香浓郁，
造型美观。

【操作要领】

①香菇一定要将蒂去掉，装盘出来才美观；在焯水时香菇失水较为严重，所以刀工处理时不能切得太薄。

②香菇不能长时间焯水，以免影响口感，焯水时可以加入适量的精炼油以保持香菇的色泽。

③在制作葱油的时候油温不能太高，应用低油温慢慢将姜、葱的香味炸出来；在调味的时候要加入少量的鲜汤稀释固体调味料。

 **任务50** **红油三丝**

【材料配比】

①主料：青皮莴笋头120 g，胡萝卜60 g，白萝卜50 g。

②调辅料：精盐3 g，味精2 g，白糖2 g，红油30 g，酱油2 g，香油2 g，鲜汤5 g。

【工艺流程】

①青皮莴笋头、胡萝卜、白萝卜全部去皮，分别切成长约10 cm、粗约0.3 cm的二粗丝，撒上少许精盐备用。

②将以上三种蔬菜丝用清水洗去盐分，挤去表面水分后将三种蔬菜丝混合，以蓬松状放入盘内，上菜时淋上用味精、白糖、红油、精盐、酱油、香油、鲜汤调制的味汁即成。

成/品/特/点

色彩艳丽，
清脆可口，
香辣回甜。

【操作要领】

①主料应粗细均匀、长短一致。

②调制红油味时，可根据具体情况加入适量鲜汤，以防止颜色过深；在使用酱油时也要注意用量，应根据菜肴的需求来决定。

项目 *6*

荤菜类凉菜

任务1　红油鸡块

【材料配比】

①主料：带骨熟鸡肉250 g。

②调辅料：大葱30 g，精盐3 g，酱油4 g，白糖5 g，味精2 g，冷鲜汤50 g，辣椒油50 g，香油5 g，熟花生碎10 g。

【工艺流程】

①将大葱洗净，切成长约2.5 cm的葱节装入盘内；带骨熟鸡肉斩切为长约4 cm、宽约1 cm的条块，整齐地放在葱节上。

②将精盐、白糖、味精放入碗中，加入酱油、冷鲜汤调散，放入辣椒油、香油，调匀成辣椒油味汁，淋在鸡块上，最后撒上熟花生碎即成。

【操作要领】

斩切鸡肉时，下刀要准，使鸡块大小均匀，而皮、肉、骨要相连，保持块形的完美。

成/品/特/点

色泽红亮，咸鲜香辣，鸡肉鲜嫩。

任务2 藤椒鸡

【材料配比】

①主料：带骨熟鸡肉250 g。

②调辅料：小米椒10 g，二荆条青椒10 g，精盐3 g，味精2 g，酱油1 g，白糖2 g，青花椒10 g，藤椒油3 g，香油2 g，鲜汤15 g，精炼油20 g。

【工艺流程】

①将小米椒和二荆条青椒切成细颗粒状；精炼油加热后放入青花椒慢慢熬出香味，取出待用；将带骨的熟鸡肉均匀地斩成条状，摆放在盘内。

②将小米椒颗粒、二荆条青椒颗粒、精盐、味精、酱油、白糖、藤椒油、香油放入碗内，加入鲜汤调匀成味汁，然后将调好的味汁均匀地淋在鸡肉之上，最后再淋上熬好的青花椒和精炼油即成。

【操作要领】

①青花椒一定要采用小火慢慢熬出香味，火过大、油温过高都会影响花椒的清香味。

②味汁颜色不宜过深，以浅茶色为宜。

成/品/特/点

鸡肉细嫩，麻辣鲜香，清香味浓郁。

任务3　怪味鸡丝

【材料配比】

①主料：熟净鸡肉200 g。

②调辅料：葱白20 g，酱油5 g，白糖4 g，花椒粉2 g，辣椒油40 g，香油2 g，醋3 g，芝麻酱15 g，熟芝麻2 g，味精1 g，精盐2 g。

【工艺流程】

①将干净的葱白切成粗丝，放入盘内垫底；熟鸡肉用刀背轻轻拍打至肉质松软，用手撕或刀切成长约8 cm、粗约0.3 cm的丝放入盘内葱丝上。

②将芝麻酱、酱油、白糖、精盐、醋、辣椒油、花椒粉、香油、味精放入碗内均匀调制，调好后淋在鸡丝上面，最后撒上熟芝麻即成。

【操作要领】

①芝麻酱要先用酱油稀释后才能使用；各种调味料必须齐备才能做到有咸、甜、麻、辣、酸、鲜、香兼备的怪味，且怪味味汁应稍浓稠一些。

②切鸡肉时要顺着其肌肉纹理切。

成/品/特/点

色泽红亮，口味丰富，肉质细嫩。

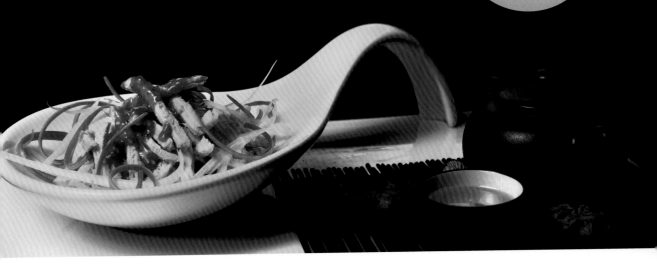

任务4 碧绿椒麻鸡

【操作要领】

　　鸡汤和酱油决定味汁的色泽，精盐与味精决定味汁的咸鲜味，因此调制椒麻味汁时要掌握好各个调味料的用量。

【材料配比】

　　①主料：带骨熟鸡肉250 g。

　　②调辅料：精盐3 g，味精1 g，白糖2 g，酱油1 g，大葱50 g，黄瓜1根，香葱叶50 g，红椒半个，干花椒3 g，花椒油2 g，鸡汤80 g，香油4 g。

【工艺流程】

　　①将一部分大葱和红椒洗净后分别切丝；黄瓜切成薄片放入碗内，鸡肉改刀成条状放在黄瓜片上，然后将大葱丝和红椒丝撒在鸡肉条上。

　　②将香葱叶与干花椒放在一起用刀剁细，加入精盐、味精、白糖、酱油、花椒油、香油、鸡汤调匀成椒麻味汁，然后将调好的椒麻味汁淋在鸡肉上即可。

成/品/特/点

椒麻味浓郁，
滑嫩爽口，
色泽翠绿。

成/品/特/点

色泽红亮，
鸡肉细嫩，
咸鲜麻辣，
香味浓郁。

任务5　凉粉鸡片

【材料配比】

①主料：熟净鸡脯肉150 g。
②调辅料：米凉粉100 g，香菜叶2根，豆瓣20 g，豆豉10 g，酱油2 g，白糖4 g，精盐2 g，味精2 g，辣椒油20 g，花椒粉2 g，香油3 g，花椒油2 g，鲜汤15 g，精炼油50 g。

【工艺流程】

①将米凉粉洗净，先切成正方体，再切成薄片；将熟净鸡脯肉用平刀的方法片成薄片，取一小碗，抹上精炼油，将片好的鸡肉整齐地摆放在小碗内，然后采用倒扣的方法将鸡肉倒入盘内，最后把米凉粉均匀地放在鸡肉一边。

②将豆瓣和豆豉分别剁细，精炼油放入锅中烧热，加入剁细的豆瓣炒出红色，再加入剁细的豆豉，一同炒出香味后起锅，放凉备用；取一小碗，加入精盐、味精、酱油、白糖、辣椒油、花椒粉、香油、花椒油、炒香的油酥豆瓣、鲜汤一起调和均匀，淋在装好盘的鸡肉和凉粉之上，最后放上香菜叶点缀即可。

【操作要领】

①豆瓣、豆豉应使用小火慢炒，防止炒煳。
②鸡肉在刀工处理时要保持大小一致、厚薄均匀。

任务6　糟醉仔鸡

【材料配比】

①主料：带骨熟鸡肉200 g。

②调辅料：醪糟汁100 g，姜片5 g，马耳朵葱5 g，精盐4 g，味精1 g，胡椒粉1 g，白糖2 g，泡水枸杞5 g，鲜汤100 g。

【操作要领】

①熟鸡肉冷却后切条应形整不烂。

②蒸制时，鸡皮应贴碗底。

【工艺流程】

①将带骨熟鸡肉均匀地切成条放入盘内。

②取一调料碗，放入醪糟汁、精盐、味精、胡椒粉、白糖、姜片、马耳朵葱、鲜汤一起调和均匀，然后淋在装好盘的鸡肉之上（以淹没鸡肉为宜），最后撒上泡水枸杞，上笼蒸制20分钟后取出放凉即可。

成/品/特/点

鸡肉细嫩，
糟香味浓，
色泽淡雅，
口味清鲜。

任务7　椒麻凤爪

【材料配比】

①主料：鸡爪400 g。

②调辅料：葱30 g，莴笋25 g，水发木耳10 g，干花椒4 g，酱油2 g，味精1 g，精盐2 g，香油15 g，冷鸡汤25 g，料酒3 g，姜5 g。

【工艺流程】

①鸡爪去老皮、指甲，锅内加清水，放料酒、干花椒、姜、葱，放入鸡爪小火煮至断生，捞出放进凉开水内透凉，然后捞起沥干水分，用小刀将鸡爪去骨，但仍保持鸡爪的完整形状；莴笋去皮后切成菱形片状，与水发木耳一起放入盘中垫底。鸡爪爪掌朝上放进盘内。

②干花椒、葱叶剁碎，放入调味碗内，加入精盐、酱油、味精、冷鸡汤、香油调匀，然后淋在鸡爪上即成。

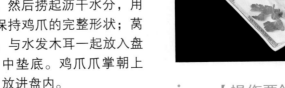

成/品/特/点

色泽翠绿，
鸡爪爽脆，
椒麻味浓郁。

【操作要领】

①鸡爪煮至断生即可，以保证后期爽脆的口感。

②干花椒和葱叶一定要剁细成茸。

任务8 麻辣口口脆

【材料配比】

①主料：鸭肠250 g。

②调辅料：绿豆芽100 g，熟芝麻3 g，香菜节5 g，干辣椒6 g，花椒3 g，精盐2 g，酱油5 g，味精2 g，白糖1 g，香油2 g，辣椒油30 g，精炼油20 g，小米椒末5 g。

【工艺流程】

①鸭肠洗净后放入沸水中焯水断生，捞出过凉水，切成长8 cm的段待用；绿豆芽去头尾，入沸水中焯水断生捞起，过凉水待用；干辣椒切成长2 cm的节，然后放入三成油温的油锅中炒至色泽棕红，再放入花椒炒香出锅，放凉后剁细成双椒末待用。

②将精盐、味精、白糖、辣椒油、酱油、熟芝麻、香油、双椒末搅拌均匀成麻辣味汁；豆芽放入碗内垫底，鸭肠用调味汁拌匀放在绿豆芽上面，撒上小米椒末和香菜节即成。

【操作要领】

①鸭肠焯水时间不能太长，以免影响脆嫩的口感。

②干辣椒炒至颜色棕红、酥脆即可，不可炒黑。

成/品/特/点

色泽红亮，
质地嫩脆，
麻辣鲜香。

任务9　芥香鸡杂

【材料配比】

①主料：鸡胗50 g，鸡肠50 g，鸡肝50 g，鸡心50 g。

②调辅料：黄瓜30 g，精盐3 g，味精1 g，酱油2 g，醋2 g，料酒4 g，姜10 g，葱20 g，芥末糊5 g，冷鲜汤100 g，料酒10 g，香油4 g。

【工艺流程】

①将主料洗净，鸡胗用花刀切成边长约3 cm的块，鸡肠切段，鸡肝、鸡心切片；锅内加清水、姜、葱、料酒烧沸后放主料煮至熟透捞出放凉；黄瓜切片与放冻后的主料一并放入盘内。

②取一小碗，放入芥末糊、精盐、醋、酱油、味精、冷鲜汤、香油调匀成味汁，淋在鸡杂上即成。

【操作要领】

①选用色泽红润、形状完整的鸡胗，鸡胗上采用"十字"花刀时应注意深度、刀距一致。

②因主料都有较重的异味，所以应做好异味的处理工作。

成/品/特/点

质地细嫩，咸鲜冲辣。

任务10　山椒凤爪

【材料配比】

①主料：鸡爪400 g。

②调辅料：泡菜盐水300 g，野山椒200 g，白醋50 g，姜15 g，葱20 g，蒜10 g，花椒3 g，芹菜30 g，胡萝卜50 g，料酒10 g，洋葱20 g。

【工艺流程】

①鸡爪用水洗净，加姜、葱、料酒、花椒进行煮制，煮好后用凉水冲凉去骨，去骨之后改刀切成两半，将改好刀的鸡爪用清水洗去油渍；芹菜切成节，胡萝卜切成筷子条，洋葱切成片待用。

②取一个有一定深度的盘子，放进泡菜盐水、野山椒、白醋、姜、葱、蒜、芹菜、胡萝卜、洋葱，加入去骨鸡爪加盖泡制10小时左右即可。

【操作要领】

①在煮制鸡爪时应采用焖煮的方法，煮至断生即可，以免影响其口感；去骨的鸡爪一定要去净油脂，成菜才会更加爽脆。

②泡菜盐水应该以咸鲜味为底味，在此基础上再加入野山椒的酸辣味；鸡爪泡好之后不宜放置太久，以免影响菜肴的质感。

任务11 花椒鸡丁

成/品/特/点

色泽棕红，
干香滋润，
咸鲜醇厚，
麻辣香浓。

【材料配比】

①主料：公鸡肉300 g。

②调辅料：干辣椒20 g，花椒8 g，姜20 g，葱20 g，精盐4 g，料酒15 g，香油5 g，鲜汤200 g，精炼油1 000 g（耗100 g），味精适量，糖色适量。

【工艺流程】

①将公鸡肉切成边长2 cm的丁，用精盐、姜、葱、料酒拌匀进行腌制；将干辣椒切成长1 cm的节。

②炒锅放置火上，倒入精炼油，将油烧至六成油温时放入鸡丁炸至成熟时捞出；等到油温升至七成热，放鸡丁重新炸至色泽棕红时捞出。

③锅内倒入少许油，烧至五成油温时先后放入干辣椒、花椒炒香，再加入鲜汤、鸡丁、糖色、精盐、料酒调味，用中小火将鸡丁加热至回软，鸡丁入味后改用大火收汁，等到汁干亮油后，加味精、香油炒匀，起锅装盘成菜。

【操作要领】

①鸡丁应大小均匀，着味适度。

②炸干辣椒、花椒的油温不宜过高，炸至颜色棕红为宜，待味道出来后，即可放入鸡丁炒一下烩入香味，然后再加鲜汤。

③鸡丁不能炸得太干。

爽口蹄花

【材料配比】

①主料：猪蹄1只。

②调辅料：干雪豆50 g，姜片10 g，葱段20 g，葱花10 g，味精2 g，鲜汤100 g，料酒10 g，小米辣圈5 g，香辣酱20 g，红油70 g，精盐3 g，酱油2 g，辣鲜露2 g。

【工艺流程】

①将猪蹄去毛后焯水，放入汤锅内，加入姜片、葱段、料酒，中小火煮至猪蹄熟软、表皮破裂，捞起后用冰块降温备用；干雪豆用凉水浸泡回软，小火煮至熟软，放凉待用。

②将猪蹄切为两半，去骨后切成边长4 cm的方块，取一中号碗，雪豆垫底，放上猪蹄，淋上用味精、鲜汤、小米辣圈、香辣酱、红油、精盐、酱油、辣鲜露调制的调料，撒上葱花即成。

【操作要领】

①猪蹄采用中小火煮制，一定要煮至肉质熟软，成菜后口感才会更佳。

②猪蹄煮好后，要立即用冰块进行冷却，以使口感更加爽脆。

成/品/特/点

猪蹄弹牙爽口，鲜香麻辣，色泽红亮。

成/品/特/点

酥香滋润，
色泽金黄，
麻辣爽口。

 任务13　　炸酥肉

【材料配比】

①主料：去皮猪五花肉200 g。

②调辅料：鸡蛋2个，姜片15 g，葱段15 g，干淀粉70 g，味精2 g，辣椒粉30 g，料酒10 g，花椒粉5 g，精盐3 g，精炼油2 500 g（实耗50 g）。

【操作要领】

①猪肉腌制的时间要充足，以便入味。

②全蛋糊浓稠度要合适，以粘裹原料后不掉落为宜。

③炸制时间要适度，以原料变为金黄色为佳，以保证外酥里嫩的口感。

【工艺流程】

①将五花肉切为长约5 cm，宽约1 cm的长条，加入精盐、姜片、葱段、料酒，腌制20分钟备用；将鸡蛋、干淀粉混合调制成全蛋糊待用。

②将腌制好的五花肉放入全蛋糊内搅拌均匀，锅内倒入精炼油，中火烧至五成油温，分散放入肉条，炸至熟透后捞起，待烧至七成油温时，再放入肉条，炸至色泽金黄、外表酥脆时捞出。做好的酥肉既可以热吃，也可以放冷后上桌，上菜时配上用花椒粉、辣椒粉、精盐调制的蘸料即成。

 任务14　香烤耗儿鱼

【材料配比】

①主料：耗儿鱼2条（每条约重200 g）。

②调辅料：姜片30 g，葱段15 g，葱花5 g，味精2 g，孜然粉8 g，料酒10 g，红油100 g，精盐4 g，辣椒粉20 g，花椒粉8 g，烧烤酱25 g。

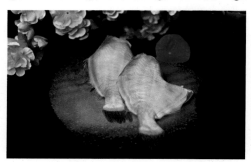

【操作要领】

①酱料用量要足，以免成菜后缺乏底味。

②要掌握好烤制时间与温度，既要烤出酥香，又要避免烤煳。

③在烤制时，中途可以适当刷油，使鱼身表面油亮有光泽。

【工艺流程】

①将耗儿鱼清理干净，鱼身正反两面切上菱形花刀，用姜片、葱段、料酒、精盐腌制30分钟备用；将味精、孜然粉、红油、精盐、辣椒粉、花椒粉、烧烤酱调匀作为烤鱼表面的酱料待用。

②将电烤炉上下温度均调至180 ℃，每条耗儿鱼用竹签固定，刷上烤鱼酱料，放入烤炉内烤制10分钟后取出，然后再刷上一遍调料，将烤炉温度调至200 ℃，放进烤炉内烤制3分钟，取出后撒上葱花即成，这道菜冷热均可以食用。

成/品/特/点

烤鱼肉质酥嫩，孜然味浓郁，微带麻辣。

任务15 现捞卤鸡腿

成/品/特/点

成菜粗犷豪放，
现捞卤菜口味鲜香。

【材料配比】

①主料：带小腿土鸡脚4只。

②调辅料：五香料100 g，姜片30 g，葱段40 g，鲜汤3 000 g，料酒70 g，冰糖色100 g，卤油500 g，精盐100 g，酱油2 g。

【工艺流程】

①鸡脚去净茸毛、老皮、指甲后放入冷水锅中焯水备用；将各种五香料装入料包袋做成香料包。

②鲜汤内加入冰糖色、卤油、姜片、葱段、料酒、香料包、精盐、酱油，中小火熬成现捞卤水，然后放入鸡脚，转用小火煮至熟软入味，熄火后将鸡脚在卤汤内浸泡1小时，再捞起放凉待用，上菜时摆好造型即成。

【操作要领】

①鸡腿卤制前应先焯水，去除血污和异味。

②五香料的调制应恰到好处，既要体现出五香味，又要避免因香料过多而使卤好的原料产生苦味。

③卤水调制完毕后应用小火慢慢熬出香味后再放入原料进行卤制，这样能让卤汁中的鲜香味被原料充分吸收。

任务16 油淋乳鸽

【材料配比】

①主料：乳鸽1只。

②调辅料：五香料4 g，姜片30 g，葱段30 g，鲜汤1 000 g，料酒5 g，生抽20 g，精盐10 g，精炼油1 500 g（实耗20 g）。

【工艺流程】

①乳鸽去净茸毛、切去脚爪后入冷水锅中焯水备用；鲜汤内加入生抽、姜片、葱段、料酒、五香粉、精盐，用中小火熬成卤水。

②乳鸽放入卤水内，用小火卤至熟软入味，断火后将乳鸽在卤汤内浸泡半小时捞起，中火起油锅，待油烧至五成油温时，放入乳鸽浸炸至表皮红亮捞起，改刀装盘即成。

【操作要领】

①乳鸽要用小火煮至熟软入味，切忌采用大火将鸽皮煮破，影响成菜效果。

②煮好后的乳鸽应采用浸炸上色，避免炸煳。

成/品/特/点

乳鸽营养滋补，
皮酥肉嫩，
色泽红亮。

任务17　　炸收鲳鱼

【材料配比】

①主料：海鲳鱼1条（约重500 g）。

②调辅料：姜片20 g，葱段30 g，蒜片20 g，味精2 g，香油3 g，料酒4 g，精盐4 g，精炼油2 000 g（实耗100 g），干辣椒40 g，花椒5 g，鲜汤250 g。

【工艺流程】

①将海鲳鱼清理干净，切成边长约6 cm的菱形块，用姜片、葱段、精盐、料酒腌制10分钟，将鱼块放入七成油温的油锅内炸至表面酥黄备用；干辣椒、花椒在炒锅内用小火炒至微微变色，待冷却后切成粗颗粒（行业俗称"刀口糊辣面"）备用。

②锅内倒入精炼油，放入姜片、葱段、蒜片、加糊辣面，炒香后掺入鲜汤，放入鱼块用小火收汁入味，约15分钟等汤汁收干后，加入香油、味精，混合均匀出锅，冷却后装盘成菜。

【操作要领】

①鱼刚下锅时油温要高，炸到一半时要降低油温，保持在五成油温左右浸炸至酥。

②掌握好收汁时间和火力大小。

成/品/特/点

鱼块骨酥肉嫩，
麻辣味浓郁。

成/品/特/点

皮冻Q弹爽口，
色泽晶莹鲜亮。

任务18 　酸辣水晶乳鸽

【材料配比】

①主料：猪皮1 000 g。

②调辅料：煮熟乳鸽肉150 g，醋4 g，姜10 g，葱段10 g，小米辣圈5 g，味精2 g，料酒20 g，红油50 g，精盐3 g，酱油2 g，辣鲜露2 g，葱花3 g。

【操作要领】

①乳鸽要煮至熟软，且要有基本味；猪皮要熬至充分溶化。

②皮冻切条时要保持条形完整，装盘美观。

【工艺流程】

①猪皮去毛，焯水至熟软，捞起后去掉猪皮上附着的肥肉，切成细丝，放入汤锅内，加入姜片、葱段、料酒，中火烧沸后转为小火，捞出葱段、姜片，继续煮猪皮丝至半溶化状态，连汁倒入长方形不锈钢盘内；将煮熟乳鸽肉切成小块放入装在不锈钢盘内的皮冻内，放凉后将皮冻放入冰箱，充分冷藏后待用。

②将皮冻从方盘内翻扣出来，切成细条装盘，配上用味精、醋、小米辣圈、姜末、红油、精盐、酱油、辣鲜露调制的味汁，撒上葱花即成。

任务19　蔬汁面拌鸡丝

【材料配比】

①主料：鸡脯肉200 g，面粉600 g。

②调辅料：胡萝卜100 g，菠菜150 g，黄瓜100 g，葱段10 g，味精2 g，芝麻酱30 g，料酒10 g，小米辣圈5 g，醋20 g，红油100 g，精盐3 g，酱油5 g，白糖30 g，香油5 g，熟白芝麻3 g，姜片15 g。

【工艺流程】

①将鸡脯肉放进汤锅内，加入姜片、葱段、料酒，中小火煮至断生，捞起放凉备用；胡萝卜，菠菜用打碎机分别打碎后取汁待用；面粉分成三份，分别加清水、菠菜汁、胡萝卜汁揉成面团，制成三种颜色的手工细圆棍形面条。

②将三种面条分别制作成凉面，鸡脯肉用手撕成粗丝，黄瓜切成二粗丝垫入盘底，放上鸡丝，每条分成三堆放在旁边，出菜时淋上用芝麻酱、味精、白糖、醋、小米辣圈、香油、红油、精盐、酱油调制的调料，撒上熟白芝麻即成。

【操作要领】

①揉制的面团应软硬适度，制作的面条应粗细均匀。

②面条不能煮太久，以免影响凉面爽滑的口感。

成/品/特/点

菜点合一，色彩艳丽，口味丰富。

 酥皮猪蹄

【材料配比】

①主料：猪前蹄1只。

②调辅料：红汤老卤水1 500 g，麦芽糖10 g，葱段20 g，姜片10 g，大红浙醋10 g，料酒10 g，干淀粉10 g，辣椒粉5 g，花椒粉2 g，精盐2 g，味精1 g，精炼油1 500 g（实耗20 g）。

【工艺流程】

①将猪前蹄去干净毛后放入冷水锅内，加姜片、葱段、料酒焯水至皮变紧致，捞起后用冷水透凉备用；麦芽糖用50 g沸水化开，加入大红浙醋、干淀粉调匀成酥皮水。

②将红汤老卤水烧开，放入猪蹄，小火卤至熟软入味但不能破皮，捞起趁热抹上酥皮水，穿上挂勾挂于通风处充分晾干水分待用。

③向锅内倒入精炼油，中火烧至六成油温，放入猪蹄炸至色泽棕红时捞出，切为两半装入盘内，配上用辣椒粉、花椒粉、精盐、味精混合调制的干碟蘸料即成。这道菜可热食，但冷后食用也别有一番风味。

【操作要领】

①酥皮水的调制应注意原料的配比。

②卤猪蹄时采用小火卤至熟软入味，且不能卤破皮。

③猪蹄抹上酥皮水要等水分干后才能放入油中炸制，待色泽棕黄后再捞出备用。

成/品/特/点

色泽金红，皮质软糯，鲜香味醇。

任务21　川式盐水鸭

【材料配比】

①主料：肥土鸭1只约1 500 g。

②调辅料：精盐12 g，味精1 g，花椒1 g，姜片10 g，葱段15 g，胡椒粉1 g，香油5 g，鲜汤2 000 g。

【工艺流程】

①将姜片、葱段、花椒、精盐、胡椒粉调匀，抹在鸭肉上，腌制约3小时。

②将肥土鸭放进容器内，加入鲜汤，放入蒸柜内用旺火蒸约30分钟后取出，放凉后切成粗细均匀的条，整齐地摆放在盘内；原汤汁中加味精、香油调匀，淋在鸭条上即成。

成/品/特/点

色泽嫩黄，皮柔脆、肉细嫩，咸鲜清淡爽口。

【操作要领】

①鸭子腌制时间要充足，以便充分入味。

②鸭子蒸制时间也要充足，以保证肉质熟软，以便切条均匀、装盘美观。

任务22　樟茶鸭子

【材料配比】

①主料：肥土鸭1只约1 500 g。

②调辅料：精盐20 g，料酒20 g，整姜50 g，葱段100 g，香油10 g，花椒5 g，胡椒粉2 g，醪糟汁50 g，精炼油1 500 g（约耗100 g），花茶50 g，樟树叶200 g，柏树枝500 g。

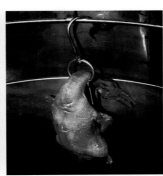

【工艺流程】

①将肥土鸭从背尾部横着切开一个长约7 cm的口，取出内脏，割去肛门洗净；盆内放料酒、醪糟汁、胡椒粉、精盐、花椒、整姜、葱段拌匀后抹遍鸭身内外，腌制约15小时后取出，放入沸水锅内焯水至皮紧，捞起挂上吊勾，在阴凉通风处晾约3小时，待鸭的表层水分干后，放入熏炉内，将花茶、柏树枝、樟树叶拌匀作熏料，熏至鸭皮呈黄色时取出，再将鸭放入蒸盆内，蒸约1小时，取出放凉。

②锅内倒入精炼油，旺火烧至七八成油温，将鸭放入，炸至鸭皮酥香后起锅，刷上香油；将鸭脖切成长约2 cm的段，放入盘中，再将鸭身切成长约5 cm、宽约2 cm的条，鸭条鸭皮朝上盖在鸭脖段上，摆成鸭的形状，可配荷叶软饼和葱酱碟一同上桌。

成/品/特/点

色泽红亮，
皮酥肉嫩，
鲜香浓郁。

【操作要领】

①此菜因为是一次性调味，所以腌制调料的用量必须掌握准确，鸭的腌制时间要足，才能使成菜入味；熏制时要注意观察，必要时需进行翻动，使上色均匀；蒸制时要注意火候，使鸭肉熟软而形整不烂。

②炸制时要控制好鸭肉的色泽，需根据熏制上色的程度来决定炸制的火候。

芥末鸭掌

【材料配比】

①主料：鸭掌400 g。

②调辅料：芥末糊10 g，精盐3 g，酱油2 g，醋2 g，姜片10 g，葱段20 g，味精1 g，料酒5 g，香油3 g，冷鲜汤700 g。

【工艺流程】

①将鸭掌去粗皮、洗净，放入锅内加水煮至熟透，捞出，用凉开水透凉后，从鸭掌背部切开，抽出筋骨，切去爪尖和上部关节，放入蒸碗中加冷鲜汤、葱段、姜片、料酒，放进笼中蒸约20分钟，取出放凉，然后捞出沥干水分，将鸭掌掌心向上摆入盘中。

②取一个碗，放入芥末糊、精盐、醋、酱油、味精、冷鲜汤、香油调匀，放在鸭掌旁边即可。

【操作要领】

①鸭掌进行加热处理时应使其形整不烂。

②在调味时酱油的用量应该适量，以免影响成菜的色泽；要控制好芥末糊的用量，如果芥末糊不够，成菜就没有"冲"的口感。

成/品/特/点

咸鲜冲辣，
清爽解腻，
鸭掌软且柔嫩。

成/品/特/点

色泽棕红，
香味浓郁，
造型美观。

 任务24 **油卤鸭舌**

【材料配比】

①主料：鸭舌250 g。
②调辅料：姜10 g，
葱10 g，料酒5 g，老卤水
1 000 g。

【工艺流程】

①将鸭舌洗净去掉舌苔
膜，放进加有料酒、姜、葱的
沸水中进行焯制，去除腥味。
②将焯好水的鸭舌放入
老卤水中用小火卤制，待鸭舌
熟软入味、上色均匀后捞出放
凉，然后放入盘中即可。

【操作要领】

鸭舌应用小火卤至熟软入味，使其上色均匀。

 卤水调制原料：糖色、桂皮、草果、甘草、花椒、八角、草豆蔻、小茴香、丁
香、山奈、生姜、砂仁头、葱、香叶、精盐、料酒、味精、鲜汤、纱布袋。
卤水调制方法：①将所有香料装入纱布袋内，姜拍破、葱系结；②锅内加入鲜
汤，放入姜、葱、盐、味精、料酒、糖色（使汤成浅红色）、香料袋，用小火煨至香
味四溢即成卤水。

 香辣鸭唇

【材料配比】

①主料：鸭头8只。

②调辅料：洋葱50 g，青红椒30 g，白糖3 g，精盐2 g，味精2 g，胡椒粉1 g，蒜泥10 g，葱20 g，姜15 g，郫县豆瓣15 g，辣椒粉30 g，辣椒油20 g，花椒粉20 g，熟白芝麻20 g，老卤水1 000 g，精炼油500 g。

成/品/特/点

色泽红亮，
鸭唇酥香，
香辣味浓郁。

【工艺流程】

①将洗净的鸭头，劈成两半，放入沸水中焯水去除血污，然后放入老卤水中卤至熟软入味待用；洋葱、青红椒、葱、姜分别切成粒备用。

②将精炼油倒入锅中烧至六成油温，放入焯好水的鸭头炸至色泽金黄时捞出，再取适量的精炼油倒入锅中，加入郫县豆瓣炒香出色后放入炸好的鸭唇，然后分别加入洋葱粒、青红椒粒、蒜泥、葱、姜炒制，待香味溢出时再加入白糖、味精、精盐、花椒粉、辣椒粉、胡椒粉、辣椒油稍稍炒制，起锅之前最后再加入熟白芝麻即成。

【操作要领】

①鸭头用小火卤至熟软入味，炸制时应注意掌握油温和时间，以炸干水汽、变得酥香为佳。

②炒制鸭头时应注意各种原料、调料的配比，以调制出香辣味为宜，保证成菜后色泽红亮。

任务26 冰片鹅肝

【材料配比】

①主料：鹅肝200 g。

②调辅料：精盐10 g，味精5 g，姜20 g，葱20 g，料酒5 g，鲜汤1 000 g，辣椒粉20 g，白糖3 g，花椒粉5 g，各种香料适量。

【工艺流程】

①锅内倒入鲜汤放置火上，加入精盐、味精、姜、葱、料酒、香料熬出香味，制成白卤水；鹅肝洗净焯水，放入白卤水中卤至成熟入味后捞出冷藏备用。

②将冷藏后的鹅肝切成薄片，整齐地装入盘内，并配上麻辣味碟一同上桌。

【操作要领】

①白卤水要用小火熬制出香味后才能放入鹅肝进行卤制。

②卤制前鹅肝应先焯水，去除异味和血水。

成/品/特/点

质地细腻，
口感冰爽，
略带五香味。

小 贴 士　麻辣味碟做法：调料碗内加入精盐、味精、白糖、花椒粉、辣椒粉搅拌均匀即成。

任务27　豆瓣鹅肠

【材料配比】

①主料：鹅肠250 g。

②调辅料：绿豆芽50 g，郫县豆瓣20 g，萝卜丝10 g，精盐3 g，味精3 g，白糖2 g，辣椒油10 g，蒜泥20 g，葱段10 g，姜片5 g，料酒10 g，精炼油20 g，香油3 g，鲜汤80 g。

【工艺流程】

①将鹅肠用盐、醋反复揉抹后洗净、划开，用刀刮去油筋、切段；绿豆芽切去头尾，郫县豆瓣剁细备用。

②将郫县豆瓣用精炼油炒出香味后装入碗内；锅放置火上，加入清水、姜片、葱段、料酒煮开，将鹅肠焯水捞出，沥干水分待用；绿豆芽焯水后放入盘内垫底。

③取一个碗，放入油酥豆瓣、蒜泥、味精、精盐、辣椒油、白糖、香油、鲜汤、鹅肠拌匀后倒在绿豆芽上，撒上萝卜丝和葱段即可。

【操作要领】

①选用新鲜无腐败味的鹅肠。

②鹅肠要洗净，焯水时间要短，否则会影响脆嫩的质地。

③掌握好炒豆瓣的火候。

小贴士　　鹅肠焯水的时间：鹅肠焯水时间不宜过长，为保证其爽脆的口感，以下锅入沸水焯40~50秒捞出为宜。

成/品/特/点

色泽红亮，
质地脆嫩，
豆瓣味浓郁。

任务28　绝味鸭脖

【材料配比】

①主料：鸭脖2根。

②调辅料：花椒粉10 g，辣椒油15 g，辣椒粉15 g，白芝麻5 g，料酒10 g，老卤水1 500 g。

【工艺流程】

①将鸭脖放入加有料酒的沸水中焯水去除血污，再放入老卤水中用小火卤至入味，捞出放凉。

②将冷却后的鸭脖抹上辣椒油、辣椒粉、花椒粉、白芝麻，装入盘内即可。

成/品/特/点

卤香浓郁，
风味别致。

【操作要领】

鸭脖卤制时间要够，才能充分吸收卤汁的鲜香味。

任务29　夫妻肺片

【材料配比】

①主料：牛心80 g，牛舌80 g，牛肚80 g，牛头皮80 g，牛肉80 g。

②调辅料：酥花生仁30 g，芹菜50 g，卤水100 g，酱油3 g，精盐1 g，辣椒油100 g，花椒粉5 g，味精2 g，香料适量。

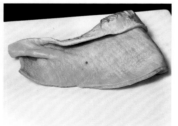

【工艺流程】

①先将牛心、牛舌、牛肚、牛头皮、牛肉放入加有香料的水中煮制，待煮熟后将牛心、牛舌、牛头皮、牛肉切成长约8 cm、宽约3 cm、厚约0.2 cm的片，牛肚采用斜刀法切成大小一致的片；芹菜切节，酥花生仁去皮后用刀拍碎。

②将切好的原料以"风车"形整齐地摆放在盘内；调味碗内依次放入卤水、精盐、酱油、味精、花椒粉、辣椒油、香料、芹菜节，调匀后淋入盘内撒上酥花生碎即成。

【操作要领】

①牛肉与其他牛杂碎需采用正确的洗涤方式洗净，然后煮至熟软。

②刀工处理时要根据不同的原料进行相应处理，如牛肉、牛肚应横着纹理运刀切制，牛头皮因质地绵韧，应采用反刀斜片的刀法进行处理。

③调味料中的卤水指卤制牛肉时用的五香白卤水，其质量的好坏非常关键。

任务30　香水牛肉

【材料配比】

①主料：熟瘦牛肉200 g。

②调辅料：新鲜去皮花生100 g，香菜60 g，精盐4 g，味精2 g，白糖2 g，香油3 g，鲜汤100 g。

【工艺流程】

①将新鲜去皮花生装入碗内垫底，熟瘦牛肉切成薄片，整齐地摆放在花生米之上；香菜切成细末备用。

②将切成细末的香菜放入碗内，加入精盐、味精、白糖、香油、鲜汤调匀，淋在牛肉上即可。

【操作要领】

"香水牛肉"属于"捞拌"系列凉菜之一，"捞拌"是指将某种凉菜所需的各种调味料用适量汤汁事先调制均匀，最后淋汁成菜。捞拌汁虽然可以大批量制作，但调味汁中有鲜料类调味品，如香菜粒、韭菜粒，它们应在菜肴最后淋汁时加入调匀，如果过早放入，香菜粒和韭菜粒的色泽会变暗淡，香味也会部分丧失，最终影响成菜效果。

成/品/特/点

色泽翠绿，口味清淡，清爽解腻。

任务31　茶熏牛排

【材料配比】

①主料：牛柳肉200 g。

②调辅料：花茶100 g，精盐3 g，料酒10 g，花椒2 g，姜片20 g，醪糟汁10 g，葱段20 g，精炼油500 g。

【工艺流程】

①将牛柳肉清洗干净，改刀切成长约5 cm、厚约0.5 cm的片，装盆放入料酒、醪糟汁、姜片、葱段、精盐、花椒拌匀腌制约5小时，使牛柳肉充分入味。

②将花茶放进炒锅、牛柳肉放进蒸笼，小火加热炒锅至花茶有烟冒出时，放上蒸笼熏制牛柳肉，待牛柳肉有浓浓的茶香味后挪开炒锅，再将熏好的牛柳肉单独蒸制30分钟左右，出笼冷却，最后放入精炼油中炸至酥香即可。

【操作要领】

①此菜因为是一次性调味，所以牛肉基础味的调制要准确。

②炸制牛肉的油温不宜过高，时间也不宜过长，否则牛肉会因太干而影响成菜口感。

成/品/特/点

色泽棕红，干香滋润，茶香浓郁。

成/品/特/点

麻辣干香，
色泽棕褐，
滋润化渣。

【操作要领】

①牛肉要用中小火煮至熟软待用。

②牛肉要先顺着肌肉纹理切成片，再横着肌肉纹理切成条。

③炸制时油温不能过高，以浸炸使原料干香滋润、略带褐红色为宜。

任务32　麻辣牛肉干

【材料配比】

①主料：瘦牛肉400 g。

②调辅料：熟芝麻5 g，精盐3 g，料酒15 g，白糖4 g，味精2 g，辣椒粉15 g，花椒粉3 g，姜30 g，葱50 g，牛肉汤300 g，香油3 g，精炼油1 000 g（约耗100 g）。

【工艺流程】

①将瘦牛肉放入清水锅内，放姜、葱、料酒用旺火烧开，撇去浮沫后改用中小火煮至断生起锅，冷却后切成长约5 cm、粗约0.8 cm的条，用精盐、姜、葱、料酒腌制30分钟。

②锅放置旺火上，倒精炼油烧至六成油温，下牛肉炸至表皮呈褐红色、酥香时捞出。

③锅内余油约70 g，放辣椒粉炒至油色红亮，然后掺入牛肉汤，加入精盐、白糖、牛肉条，改用小火慢慢收汁，待水分收干、有滋润感时起锅，趁热加入味精、花椒粉、香油拌匀，冷却后撒上熟芝麻装盘即成。

 任务33　孜香牛肉

成/品/特/点

色泽红亮，
孜然香味浓郁，
干香滋润化渣。

【材料配比】

①主料：瘦牛肉400 g。

②调辅料：精盐3 g，味精2 g，白糖3 g，姜5 g，葱10 g，辣椒油20 g，孜然粉5 g，料酒10 g，香油3 g，熟白芝麻5 g，鲜汤150 g，精炼油1 000 g。

【工艺流程】

①将瘦牛肉切成片，用精盐、料酒进行腌制，然后将腌制好的牛肉下油锅中炸至表皮呈褐红色备用。

②锅内倒入精炼油，放入姜、葱炒出香味，加入鲜汤和炸好的牛肉，放入适量的精盐调味，采用中小火收汁，待汁将干时再放入辣椒油、孜然粉、香油、味精、白糖略收汁，起锅挑拣出姜、葱装入盘内，撒上熟白芝麻即可。

【操作要领】

①应横着肌肉纹理将牛肉切成片。

②炸制时油温不能过高，以浸炸使原料干香滋润、略带褐红色为宜，收汁时宜采用中小火，使味道充分地融入原料。

干拌牛肚

成/品/特/点

麻辣鲜香，
牛肚质脆，
回味悠长。

【工艺流程】

①将牛肚焯水后放入加有香料的水中煮熟，放凉后用斜刀法切成薄片。

②将切好的牛肚放入一大碗内，加入精盐、味精、白糖、花椒粉、辣椒粉、辣椒油、香油、酥花生碎、熟白芝麻碎拌匀，装盘即可。

【材料配比】

①主料：牛肚200 g。

②调辅料：精盐3 g，味精1 g，白糖2 g，花椒粉2 g，辣椒粉15 g，辣椒油15 g，香油3 g，酥花生碎30 g，熟白芝麻碎10 g，香料适量。

【操作要领】

①花生和芝麻不宜拍得过细，否则会影响整个菜肴的口感，容易腻口。

②调味料中的花椒粉和辣椒粉可现磨现用，这样能最大限度突出干拌类菜肴干香麻辣的特点。如果不采用现磨现用，即使隔夜使用，也会使菜肴的口味和质量大打折扣。

 牛肚：即牛胃。牛为反刍动物，共有4个胃，即瘤胃、网胃（又称蜂巢胃）、瓣胃（又称百叶胃）、真胃（又称皱胃）。

另外，牛肚焯水时间不宜过长，为保证其口感的爽脆，以下锅入沸水焯水30秒左右捞出为宜。

任务35　香油毛肚

成/品/特/点

色泽棕褐，
毛肚嫩脆，
咸鲜爽口。

【材料配比】

①主料：毛肚300 g。

②调辅料：精盐3 g，味精1 g，香油5 g，鲜汤25 g。

【工艺流程】

①将毛肚洗净，改刀成大小一致的片，放入沸水锅内焯水，待冷却后装盘。

②将精盐、味精、香油、鲜汤一起调成味汁，淋在毛肚上即可。

【操作要领】

①毛肚焯水时间必须要掌握准确，时间要短，并在较为宽量的沸水中烫至断生即可。

②调制香油味汁时，香油要切忌过量，否则会产生过腻的口感。

毛肚的焯水时间：毛肚焯水时间不好掌握，时间过短未熟，时间过长又会绵老。为保证其口感的爽脆，最好将毛肚放在沸水锅中烫25秒左右捞出。

毛肚：毛肚也称百叶肚，俗称牛百叶，其实就是牛的瓣胃。

任务36 陈皮兔丁

【材料配比】

①主料：兔肉400 g。

②调辅料：陈皮10 g，干辣椒10 g，花椒3 g，精盐4 g，姜片25 g，葱段30 g，胡椒粉2 g，料酒15 g，醪糟汁30 g，鲜汤300 g，白糖10 g，糖色15 g，味精2 g，香油3 g，白芝麻5 g，精炼油1 000 g（约耗100 g）。

【工艺流程】

①将兔肉切成边长约2 cm的丁，用姜片、葱段、精盐、胡椒粉、料酒将兔丁拌匀，腌制30分钟；将陈皮洗净后用温水浸泡回软，撕成小片待用。

②锅内倒入精炼油，用旺火烧至六成热，放入兔丁，炸至色泽金黄、肉质较干时捞起。

③锅内倒适量入精炼油，下干辣椒炒成棕红色，加花椒、姜片、葱段、兔丁炒制片刻，再掺入鲜汤，放干陈皮、精盐、白糖、糖色、醪糟汁用小火慢慢收至汁干、入味，然后放味精、香油、白芝麻起锅，冷却后去掉姜片、葱段，最后与陈皮一起装盘成菜即可。

【操作要领】

①原料的咸味要适当。

②炸制前用精炼油将原料拌一下，以使原料易散籽、不粘连。

③兔肉一般炸制两次，第一次炸去过多的水分，第二次炸至颜色棕红。

④注意突出陈皮的芳香味和麻辣香味。

成/品/特/点

色泽棕红，
麻辣干香，
微带橘味芳香。

成/品/特/点

色泽红亮，
肉质细嫩，
花仁酥脆，
麻辣鲜香。

任务37　花仁拌兔丁

【材料配比】

①主料：兔肉200 g。

②调辅料：盐酥花生30 g，葱50 g，郫县豆瓣20 g，豆豉10 g，酱油3 g，白糖4 g，精盐3 g，辣椒油30 g，味精1 g，花椒粉2 g，香油3 g，料酒10 g，姜10 g，精炼油40 g。

【工艺流程】

①将兔肉清洗干净，放入冷水锅或者热水锅中，加入料酒、姜、葱，用中火或小火煮至兔肉刚熟，然后连同汤一起装入盆内，泡10分钟后捞出放凉。

②炒锅放置小火上，加入精炼油，将剁细了的郫县豆瓣放进锅中炒出红色，然后加豆豉一起炒香出锅，放凉待用。

③将放凉的兔肉切成边长约1.5 cm的丁，葱切细，盐酥花生去皮；将精盐、味精、白糖、酱油、辣椒油、花椒粉、香油以及炒好的豆瓣、豆豉混合调成味汁，放入兔丁、葱粒、盐酥花生调拌均匀，装盘成菜即可。

【操作要领】

①兔肉漂洗干净，煮制时保持形状完整；掌握好火候，时间不宜过长，以刚熟为宜。

②兔肉放凉后才能切成丁。

③现拌现食，不宜久放。

 任务38　手撕仔兔

【材料配比】

①主料：鲜兔腿1只。

②调辅料：精盐5 g，味精3 g，料酒10 g，白糖3 g，胡椒粉3 g，姜10 g，葱10 g，辣椒粉20 g，孜然粉20 g，青椒3根，精炼油1 000 g（约耗50 g）。

【操作要领】

①兔腿表面划上纹路一是为了方便入味，二是方便各种调料黏附在原料表面。

②采用低油温浸炸兔腿至成熟。

【工艺流程】

①将鲜兔腿洗净，在其表面用刀划一些网状纹路，并用精盐、味精、姜、葱、胡椒粉、料酒腌制入味，然后放入精炼油中用小火慢慢炸至色泽棕红时捞出；青椒用竹签穿上，用火烤熟，再用干净的纱布擦干净，切成稍长的"马耳朵"形放入盘内垫底。

②将炸好的兔腿撕成条放入盘内，并配以干辣椒味碟、孜然味碟供蘸食即可。

成/品/特/点

兔肉干香滋润，
风味别致，
回味无穷。

 ①干辣椒味碟做法：取一个碗，放入辣椒粉、精盐、味精、白糖混合均匀即可。

②孜然味碟做法：取一个碗，放入孜然粉、精盐、味精、白糖混合均匀即可。

任务39　双仁拌兔丁

【材料配比】

①主料：兔肉200 g。

②调辅料：精盐3 g，味精1 g，白糖3 g，酱油3 g，辣椒油15 g，花椒粉6 g，辣椒粉15 g，葱30 g，姜10 g，料酒5 g，酥花生仁20 g，酥核桃仁20 g，熟芝麻10 g，香油5 g。

【工艺流程】

①将兔肉清洗干净，放入冷水锅或者热水锅中，加入料酒、姜、葱，用中火或小火煮至兔肉刚熟，然后连同汤一起装入盆内，泡10分钟后捞出放凉。

②将放凉的兔肉切成边长1.5 cm的丁，葱切细，酥花生仁去皮，酥核桃仁切成小块备用；取一个碗，放入兔丁，加入精盐、味精、白糖、酱油、辣椒油、辣椒粉、花椒粉、香油、葱粒、熟芝麻一起调和均匀，装盘之前再加上酥花生仁、酥核桃仁即可。

【操作要领】

①兔肉漂洗干净，煮制时保持形状完整；掌握好火候，时间不宜过长，以刚熟为宜。

②兔肉放凉后才能切成丁。

③现拌现食，不宜久放。

任务40　豉香鲫鱼

【材料配比】

①主料：鲫鱼500 g。

②调辅料：猪肥瘦肉100 g，精盐5 g，姜片20 g，葱段50 g，料酒30 g，豆豉100 g，胡椒粉3 g，鲜汤200 g，糖色20 g，香油3 g，味精3 g，精炼油1 000 g（约耗100 g）。

【工艺流程】

①将鲫鱼宰杀后在鱼身正反两面各剞三四刀，用姜片、葱段、料酒、精盐腌制30分钟；猪肥瘦肉剁成粗肉末。

②锅放置旺火上，倒入精炼油烧至七成油温，放鱼炸至两面呈金黄色时捞起；锅内余油少许，放肉末炒酥，下豆豉、姜片、葱段炒出香味，加鲜汤、精盐、胡椒粉、糖色、料酒，放入炸好的鱼，烧沸后，改用微火收汁约8分钟，至汁干、亮油、鱼酥时，加味精、香油起锅，冷却后装盘即成。

【操作要领】

掌握好炸鱼的火候，收汁时掺汤要适量。

成/品/特/点

肉质细嫩，
鱼骨酥软，
回味绵长。

 任务41 香辣带鱼

【材料配比】

①主料：带鱼200 g。

②调辅料：精盐2 g，味精2 g，料酒30 g，白糖3 g，姜5 g，葱20 g，蒜10 g，郫县豆瓣20 g，香辣酱30 g，鲜汤100 g，精炼油1 000 g（约耗100 g）。

【工艺流程】

①将带鱼洗净去头尾切成长约6 cm的段，用料酒、精盐将原料拌匀，腌制15分钟；将葱切成节，姜、蒜切成"指甲片"形待用。

②炒锅放置火上，倒入精炼油烧至七成油温，放入带鱼炸至外酥皮紧时捞出；另用一炒锅放置火上，倒约50 g精炼油烧至四成油温，放入郫县豆瓣、香辣酱炒香且呈红色后，加姜、葱、蒜炒出香味，然后放入鲜汤、带鱼、料酒、白糖，用小火收汁，待汁干时，加入味精拌匀起锅，装盘成菜即可。

【操作要领】

①带鱼刚下锅时油温要高，待炸至一半时要降低油温，保持在五成油温左右浸炸至酥。

②注意掌握掺汤的量和收汁的时间，以免成菜后鱼肉脱落，影响成菜效果。

成/品/特/点

色泽红亮，酥香化渣，咸鲜香辣。

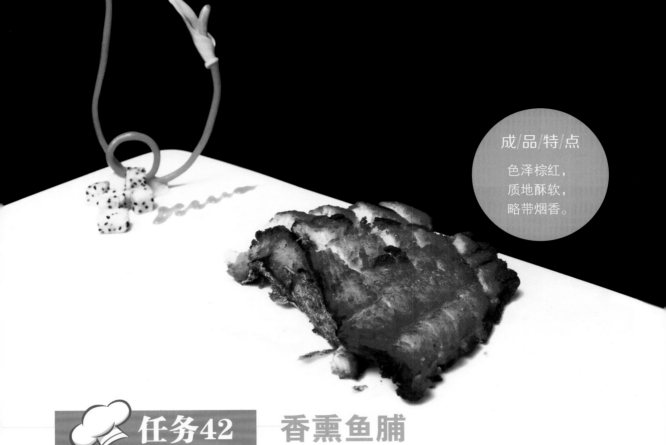

任务42　香熏鱼脯

【材料配比】

①主料：草鱼1条（约1 000 g）。

②调辅料：姜30 g，葱50 g，精盐5 g，料酒30 g，糖色20 g，五香粉5 g，鲜汤200 g，柏树枝500 g，锯末200 g，精炼油1 500 g（约耗100 g）。

【工艺流程】

①将鱼宰杀后割下鱼肉，用斜刀法片成厚约0.3 cm的蝴蝶片；姜、葱拍破放入鱼片内，再加精盐、料酒腌制30分钟。

②锅内倒入精炼油，旺火烧至七成油温，下鱼片炸至浅黄色时捞出。

③锅放置中火上，掺入鲜汤烧开，加精盐、料酒、糖色、五香粉熬制约10分钟，待各种味道融和后，放入鱼片，收汁入味，起锅。

④将鱼片放进熏炉中，用柏树枝、锯末作为熏料熏制约5分钟后取出，放凉后装盘成菜即可。

【操作要领】

①掌握好鱼的初加工技术，杀鱼时勿将鱼胆弄破，以确保味道的醇正。

②掌握好炸收的油温、火候以及烟熏时间。

任务43　椒盐鱼皮

【材料配比】

①主料：草鱼皮200 g。

②调辅料：精盐3 g，料酒10 g，椒盐2 g，鸡蛋2个，葱10 g，姜5 g，干淀粉50 g，精炼油500 g（约耗50 g）。

【工艺流程】

①将鱼皮洗净，切成长约5 cm、宽约2.5 cm的片放入碗内，再加精盐、料酒、姜、葱腌制入味。

②往鸡蛋中加适量干淀粉、精盐、少量清水调成蛋糊；锅放置火上烧热，倒入精炼油烧至五成油温，将腌制好的鱼皮裹上蛋糊逐片放入油锅内，用筷子分散鱼皮使其不互相粘连，待炸至色泽金黄时捞出，装入盘内，最后撒上葱末，配上椒盐碟即可。

【操作要领】

鱼皮不宜久炸，炸至色泽金黄、口感酥脆即可。

成/品/特/点

色泽金黄，口味咸鲜，质地酥脆。

任务44　酥皮小鱼

【材料配比】

①主料：小鱼200 g。

②调辅料：精盐3 g，姜10 g，葱10 g，料酒5 g，鸡蛋2个，淀粉80 g，辣椒粉10 g，花椒粉4 g，精炼油500 g（约耗80 g），味精适量。

【工艺流程】

①将小鱼洗净，用精盐、姜、葱、料酒腌制；往鸡蛋中加入适量的淀粉、精盐、清水调成蛋糊。

②锅放置火上，倒入精炼油烧热至五成油温，将小鱼粘裹蛋糊之后再裹上淀粉，放入油锅炸至色泽金黄时捞出，装入盘内，配上椒盐味碟、干辣椒味碟即可。

【操作要领】

①正确调配椒盐味碟、干辣椒味碟。

②掌握好蛋糊的浓稠度和炸制的火候。

成/品/特/点

色泽金黄，
酥香化渣，
咸鲜香辣。

小贴士

椒盐味碟做法：取一小碟，放入精盐、花椒粉、少许味精调匀即可。

五香鳝段

【材料配比】

①主料：鲜鳝鱼250 g。

②调辅料：精盐3 g，味精1 g，姜10 g，葱10 g，料酒10 g，白糖3 g，糖色适量，五香粉10 g，香油3 g，精炼油1 000 g（约耗80 g），苦瓜15 g和红椒10 g（用于装饰）。

【工艺流程】

①将鲜鳝鱼放入沸水略烫，去头、去内脏，分别锲上直刀并保持鳝鱼肉不分离，再将锲好的鳝鱼切成长约5 cm的段，用精盐、料酒、姜、葱腌制待用。

②将腌制好的鳝鱼放入六成油温的油锅中略炸捞起，待油温上升到七成时，再下鳝鱼炸至酥软捞起；另取一口锅，倒入精炼油烧热，放入姜、葱炒香，掺鲜汤烧开，下鳝段，加精盐、料酒、糖色、白糖、五香粉，用中小火慢慢收汁至鳝段回软入味，待汁液浓稠时，去掉姜、葱，最后加味精、香油拌匀即成。

【操作要领】

①鳝鱼要清理干净，切段时不能太短。

②掌握好油炸和收汁的火候。

成/品/特/点

色泽棕红，
鳝鱼细嫩，
五香味浓郁。

成/品/特/点

成型美观，
质地脆嫩，
咸鲜微酸。

任务46　椒丝鱿鱼

【材料配比】

①主料：鲜鱿鱼200 g。

②调辅料：精盐3 g，味精2 g，白糖2 g，醋2 g，料酒5 g，香油3 g，酱油4 g，萝卜20 g，小葱5 g，鲜汤30 g。

【操作要领】

①鱿鱼剞花刀时要精准，以保证成菜美观。

②鱿鱼焯水时间不宜过长，以免影响其爽脆的口感。

③成菜颜色不能过深，以浅茶色为宜。

【工艺流程】

①将鲜鱿鱼去黑膜、头须，剞刀成刀距约0.3 cm，深约原料2/3厚度的交叉十字花刀，然后再切成长约5 cm、宽约2.5 cm的块；将萝卜切成细丝，小葱切成节。

②将鱿鱼块放入加有料酒的沸水中，焯水至卷曲成卷时捞出，放入盘内。

③取一小碗，放入精盐、味精、白糖、酱油、醋、鲜汤、香油一起调匀，将调好的味汁淋在鱿鱼块上，撒上萝卜丝、葱节即可。

任务47　香辣小龙虾

【材料配比】

①主料：小龙虾500 g。

②调辅料：干辣椒节50 g，花椒15 g，姜片15 g，蒜片15 g，葱花15 g，精盐3 g，味精2 g，香辣酱30 g，白糖2 g，料酒20 g，熟芝麻15 g，精炼油1 000 g（约耗100 g）。

【操作要领】

①小龙虾一定要清洗干净，去掉虾头和虾线。

②小龙虾加热烹制时间要充足，保证原料充分地吸收味汁，以免成菜后缺乏味道。

成/品/特/点

色泽棕红，
香辣味浓郁，
虾肉细嫩。

【工艺流程】

①将小龙虾先放在清水里浸泡至少一到两天，让小龙虾把身体里的淤泥吐尽，然后用牙刷将小龙虾洗刷干净，去除小龙虾的头和黑线（虾肠），再用精盐、料酒进行腌制。

②锅中倒入清水，大火煮开后，放入小龙虾焯水半分钟后捞出，再用清水冲去浮沫，放入六成油温的油锅中略炸至变色，捞出备用。

③锅内倒入精炼油烧至三成油温，加入干辣椒节、花椒炒香，再加入香辣酱、蒜片、姜片炒香，然后放入小龙虾翻炒均匀至香味溢出，最后放入精盐、味精、白糖、熟芝麻、葱花炒至入味，起锅装盘即可。

任务48 泡椒田螺

【材料配比】

①主料：田螺1 000 g。

②调辅料：干红辣椒节200 g，花椒80 g，姜30 g，葱段50 g，蒜30 g，五香料10 g，郫县豆瓣40 g，泡辣椒末30 g，料酒30 g，精盐5 g，味精3 g，白糖3 g，醋5 g，鲜汤500 g，香油20 g，精炼油150 g。

【操作要领】

①田螺在烹调之前可以先用清水浸泡一两天，让其把体内的泥沙都吐出来，中间应换五六次水，也可以向水中滴少量香油，这样田螺会将泥沙吐得更干净。

②在收汁过程中应用小火慢慢使原料入味，因为田螺寄生虫较多，所以一定要完全煮熟。

【工艺流程】

①先将田螺的尾部用钳子剪掉，清洗干净，放入沸水中焯水（其间可以向水中加入醋、料酒达到去腥的作用），焯好水后用凉水透凉备用；将姜、蒜切成片，五香料用水稍微泡一下备用。

②锅放置火上，倒入精炼油烧热，加入干红辣椒节、花椒炒出香味，加入郫县豆瓣、泡辣椒末、葱段、蒜片、姜片、五香料炒香出色，掺入鲜汤，放入精盐、白糖、料酒调味，然后放入焯好水的田螺，用小火慢慢收汁入味，最后再加入味精、香油，起锅装盘即可。

任务49　蒜泥白肉卷

【材料配比】

①主料：带皮猪后腿肉200 g。

②调辅料：黄瓜150 g，精盐2 g，味精2 g，复制酱油10 g，白糖3 g，辣椒油30 g，葱花5 g，蒜泥30 g，鲜汤30 g，香油3 g，熟芝麻3 g。

【工艺流程】

①将带皮猪后腿肉残毛去净，然后洗干净放入锅内，用中小火将猪肉煮熟，再用原汤浸泡大约20分钟；捞出猪肉用干净手帕擦干水分，用平刀法将猪肉片成长约10 cm、宽约5 cm、厚约0.15 cm的大薄片；将黄瓜洗净切成细丝，用肉片将黄瓜丝卷起来，整齐地装入盘中。

②将精盐、味精、白糖、复制酱油、辣椒油、香油、鲜汤、蒜泥调成蒜泥味汁，淋在肉片上，撒上熟芝麻、葱花即可。

【操作要领】

①带皮猪后腿肉煮好后应在原汤中浸泡保温。

②片刀要锋利，持刀要平稳，采用推拉刀法片成型，做到片张完整、薄而不穿，且不产生梯级形状。

成/品/特/点

色泽红亮，
蒜味浓郁，
咸鲜微辣略带甜味，
肥瘦相连而不腻。

任务50 红油耳片

【材料配比】

①主料：猪耳朵200 g。

②调辅料：黄瓜50 g，精盐3 g，酱油5 g，白糖5 g，味精2 g，冷鲜汤15 g，辣椒油50 g，香油3 g，熟芝麻5 g，大葱丝10 g，红椒丝3 g。

【工艺流程】

①将猪耳朵洗净后，放入汤锅里用中小火煮至刚熟，捞出后放凉备用。

②用斜刀法将放凉的猪耳朵切成大片，黄瓜切成略微偏厚的片，然后将黄瓜片和形状不太完整的耳片放进碗中垫底，将形状完整的耳片按照刀口顺序整齐地摆在黄瓜之上；将精盐、白糖、味精放入碗中，加入酱油、冷鲜汤调匀，再加入辣椒油、香油混合均匀成辣椒油味汁，将调好的辣椒油味汁均匀地淋在耳片上，最后撒上熟芝麻、大葱丝、红椒丝点缀即可。

【操作要领】

①煮制猪耳朵的火候以刚熟为宜，若煮得过软，在刀工处理时会不易成型，从而影响菜肴造型。

②耳片在刀工处理时一定要采取斜刀法进行切片，这样耳片才能达到完美的形态，保证装盘美观。

任务51　蜜汁叉烧

【材料配比】

①主料：五花肉300 g。

②调辅料：生抽20 g，叉烧酱50 g，料酒10 g，蜂蜜20 g，姜10 g，葱10 g，干花椒5 g。

【工艺流程】

①将五花肉洗净后，加生抽、叉烧酱、料酒、蜂蜜、干花椒、姜、葱腌制入味。

②将腌制好的五花肉抹上酱料一起放入烤炉中进行烤制，直至五花肉色泽棕红、表面酥脆后拿出，放凉后切成薄片装入盘内即可。

【操作要领】

①此菜因为是一次性调味，所以应保证调料配比准确，并保证原料腌制时间充足，以便充分入味。

②注意烤制的火候和时间，防止原料烤煳。

成/品/特/点

颜色棕红，
肉香扑鼻，
焦香化渣。

 糖醋排骨

【材料配比】

①主料：猪排骨500 g。

②调辅料：精盐4 g，白糖100 g，醋50 g，姜15 g，葱20 g，料酒30 g，八角3 g，糖色15 g，香油，熟白芝麻5 g，鲜汤适量，精炼油1 000 g（约耗60 g）。

【工艺流程】

①将洗净的猪排骨切条后切成长约6 cm的节，放入沸水内焯水，捞出装入盘内，加精盐、姜、葱、料酒、鲜汤，放入蒸笼中蒸至肉能离骨后取出待用。

②锅放置旺火上，倒入精炼油烧至六成油温，放入蒸好的猪排骨炸至色泽微黄时捞出。

③取一个锅，锅内倒入少许精炼油，下姜、葱炒香，掺入蒸排骨的汤，加白糖、料酒、精盐、糖色、八角、少量醋和猪排骨，用中小火收汁入味，待汤汁将干时再加醋略收汁，最后倒入香油炒匀起锅，冷却后装盘，撒上熟白芝麻即可。

成/品/特/点

色泽枣红，
干香滋润，
甜酸可口。

【操作要领】

①排骨切开后应焯水去血污，再蒸熟或煮熟至肉能离骨。

②收汁时应注意调味品的投放，醋在起锅前放入的效果较好。

③严格控制火候，确保菜肴色泽。

芹黄肚丝

成/品/特/点

色泽红亮，
肚丝爽脆，
咸鲜微辣。

【材料配比】

①主料：熟猪肚150 g。

②调辅料：芹黄50 g，精盐3 g，味精2 g，酱油2 g，辣椒油20 g，白糖2 g，香油3 g，熟白芝麻3 g，鲜汤20 g。

【工艺流程】

①将芹黄洗净切成丝装入碗内垫底；熟猪肚用平刀法片薄，再切成丝，放在芹黄丝之上。

②取一小碗，加入精盐、味精、白糖、酱油、辣椒油、香油、鲜汤调匀，将调好的味汁淋在肚丝上，最后撒上熟白芝麻即可。

【操作要领】

①生猪肚在初加工时要洗净，再煮至熟软。

②切丝时应保证粗细均匀、长短一致。

成/品/特/点

质地脆嫩，
味咸鲜带酸，
姜味浓郁，
清爽宜口。

任务54　姜汁脆肚

【材料配比】

①主料：熟猪肚200 g。

②调辅料：黄瓜50 g，精盐3 g，老姜20 g，味精1 g，醋4 g，酱油1 g，冷鲜汤20 g，香油3 g，红椒10 g。

【工艺流程】

①将黄瓜片成厚约0.1 cm的薄片，装入盘内垫底；熟猪肚用斜刀法片成长约8 cm、宽约3 cm、厚约0.2 cm的片，装入盘内摆在黄瓜片上。

②将老姜洗净去皮，用刀剁成细末，加入冷鲜汤、精盐、醋、味精、酱油、香油，在碗内调匀成姜汁味汁，淋在盘内肚片上，最后将红椒切圈用作装饰即可。

【操作要领】

①生猪肚初在加工时要洗净，白煮时要煮至熟软。

②切熟猪肚一般采用斜刀法，要厚薄均匀。

③调姜汁味汁的色泽时要根据醋的颜色确定酱油的用量。

 任务55 老醋蛰头

【材料配比】

①主料：海蜇250 g。

②调辅料：精盐3 g，味精2 g，白糖2 g，老陈醋7 g，小葱5 g，大蒜10 g，小米椒5 g，香油3 g，鲜汤6 g。

【操作要领】

①一定要去除海蜇多余的盐分。

②海蜇用热水浸泡后一定要放入冰水中以保证其爽脆的口感。

【工艺流程】

①将海蜇洗净后用刀片成长约5 cm、宽约3 cm、厚约0.3 cm的片，将片好的海蜇放入清水中浸泡五六小时去除盐分。

②将去除盐分的海蜇放入热水中（70°C）浸泡片刻取出，再放入冰水中浸泡（冰水中浸泡能保持原料的爽脆度）。

③将小葱切成葱花，大蒜剁成末，小米椒切成小圈备用。

④将冰水中的海蜇取出放入碗内，加入精盐、味精、白糖、老陈醋、大蒜末、小米椒圈、香油、鲜汤一起调匀装入盘内，最后撒上葱花即可。

成/品/特/点

爽滑质脆，
开胃可口。

任务56　翠芽耳卷

【材料配比】

①主料：猪耳朵200 g。

②调辅料：黄豆芽80 g，小葱叶25 g，精盐3 g，味精1.5 g，白糖3 g，酱油3 g，辣椒油30 g，蒜泥25 g，香油3 g，鲜汤10 g，料酒3 g，姜5 g，大葱5 g。

【工艺流程】

①将猪耳朵去毛洗净，放入加有料酒、姜、大葱的水中煮至断生捞出；将黄豆芽去根后放入沸水中焯水至成熟取出；小葱叶用沸水略烫，待用。

②将放凉的猪耳朵采用斜刀法切成大片，然后将焯水后的黄豆芽整齐均匀地放入耳片内卷起，并用烫过的小葱叶将耳片系紧摆盘造型。

③取一小碗，放入精盐、味精、白糖、酱油、辣椒油、蒜泥、香油、鲜汤调匀，将调好的味汁倒入味碟中，随菜上桌，供食客蘸食。

【操作要领】

①煮制猪耳朵的火候以刚熟为宜，若煮得过软，在刀工处理时会不易成型，从而影响菜肴造型。

②耳片在刀工处理时一定要采取斜刀法进行切片，这样耳片才能达到完美的形态，更好地包裹黄豆芽。

③卷好黄豆芽后一定要用烫好的小葱叶进行捆扎，防止豆芽脱散。

References 参考文献

[1] 赵品洁.教学菜——川菜[M].4版.北京：中国劳动社会保障出版社，2015.

[2] 张文，贾晋.川菜制作[M].重庆：重庆大学出版社，2013.

[3] 马素繁.川菜烹调技术：下册[M].成都：四川教育出版社，2009.

[4] 韦昔奇，赵品洁，杨俊.四川凉菜精品全集[M].成都：四川科学技术出版社，2015.